透明质酸注射安全指南

必须掌握的知识和并发症应对措施

【主　编】（日）大慈弥 裕之

【主　译】陶　凯　潘礼刚　江　榕

【副主译】马文海　王丕佳　井　明　张文俊

北方联合出版传媒（集团）股份有限公司
辽宁科学技术出版社

图书在版编目（CIP）数据

透明质酸注射安全指南：必须掌握的知识和并发症应对措施 /（日）大慈弥裕之主编；陶凯，潘礼刚，江榕主译 . —沈阳：辽宁科学技术出版社，2024.7
ISBN 978-7-5591-3435-6

Ⅰ . ①透… Ⅱ . ①大… ②陶… ③潘… ④江…
Ⅲ . ①透明质酸酶 – 注射 – 指南 Ⅳ . ① Q556-62

中国国家版本馆 CIP 数据核字（2024）第 027870 号

出版发行：辽宁科学技术出版社
（地址：沈阳市和平区十一纬路25号 邮编：110003）
印 刷 者：辽宁新华印务有限公司
经 销 者：各地新华书店
幅面尺寸：210 mm × 285 mm
印　　张：8
字　　数：260 千字
附　　件：4
印　　数：1-1500 册
出版时间：2024 年 7 月第 1 版
印刷时间：2024 年 7 月第 1 次印刷
责任编辑：凌　敏　于　倩
封面设计：刘　彬
版式设计：袁　舒
责任校对：黄跃成

书　　号：ISBN 978-7-5591-3435-6
定　　价：168.00元

联系电话：024—23284363
邮购热线：024—23284502
E-mail:lingmin19@163.com
http://www.lnkj.com.cn

参编者名単

福岡大学博多駅クリニック・福岡大学形成外科
西田　美穂
衞藤　明子
波多江顕子
入江　陽香

牧野皮膚科形成外科内科医院
牧野　太郎

日本医科大学形成外科
野本　俊一

福岡大学眼科
内尾　英一
尾﨑　弘明

原・白川法律事務所
白川　敬裕（弁護士）

●動画提供・技術指導
大島眼科病院
松井　孝明
上野　暁史

●撮影協力・技術指導
戸畑総合病院眼科
羽出山万祐美
橋野　京子（看護師）

主编介绍

大慈弥 裕之（おおじみ ひろゆき）

福冈大学副校长，福冈大学医学部整形外科学教研室（主任、教授）

履历

1954 年 出生于东京都昭岛市

1980 年 毕业于福冈大学医学部，防卫医科大学皮肤科（助手）

1981 年 北里大学医院整形外科（实习医生）

1986 年 北里大学医院整形外科（主任医师）

1990 年 福冈大学医学部整形外科（讲师，整形外科诊疗班）

1996 年 福冈大学医院整形外科（助教）

1999 年 在美国 Brighamand Women's Hospital 留学

2005 年 福冈大学医院整形外科、美容外科（教授）

2007 年 福冈大学医学部整形外科学教研室（主任、教授）

2015 年 福冈大学副校长（医学、医疗负责人）

主要的学会任职

日本整形外科学会（副理事长）

日本美容外科学会（常务理事）

日本抗衰老医学会（理事）

日本仿真外科学会（理事长）

日本乳腺肿瘤外科协会（主管）

研究领域

游离腹直肌皮瓣的血管解剖与血流动力学的相关研究

老年性眼睑下垂对面部衰老影响的相关研究

通过二维和三维图像分析对形态进行客观评估

关于生物膜感染的研究

利用仪器进行抗衰老美容治疗的有效性研究

主译简介

陶　凯

中国医科大学附属第四医院烧伤整形显微外科主任，博士研究生导师。曾任北部战区总医院烧伤整形科主任。现任中国康复医学会修复重建外科专业委员会副主任委员，中华医学会显微外科学分会委员，中国医师协会显微外科医师分会委员，《中国美容整形外科杂志》常务副主编，*Stem Cells International* 国际编委，《中华显微外科杂志》编委。曾任中国医师协会美容与整形医师分会常务委员，中华医学会整形外科学分会委员，全军整形外科专业委员会副主任委员，辽宁省医学美学与美容学分会主任委员，沈阳市医疗美容专业质量控制中心主任。主持国家自然科学基金等基金项目 8 项，先后在国内外期刊上发表论文 100 余篇，其中 SCI 收录论文 30 余篇，主编、参编专著 30 余部。

潘礼刚

贵州医科大学第三附属医院整形外科负责人，整形外科主诊医师，医学硕士。发表数篇中文核心期刊论文及SCI论文，获得国家发明专利1项，实用新型专利1项。曾在北京八大处整形医疗美容医院进修学习，多次赴日韩访问学习交流。现为中国整形美容协会会员。从事外科与整形外科13年，擅长各种传统与新型材料针剂注射、毛发移植、眼部综合整形、鼻部综合整形、面部除皱、胸部综合整形和脂肪抽吸及移植、腹壁综合整形、体表肿物切除与修复、烧伤整形和各种整形术后难治性创面与瘢痕的综合治疗。推出“眶周一体化”综合整形治疗理念，将毛发移植、注射、脂肪、假体等多种方案相结合运用，根据术者情况，实现眶周个体化整形美容。

江　榕

中国人民解放军联勤保障部队第九〇〇医院普通外科，美容主诊医师。日本武田科学振兴财团奖学金获得者，日本自治医科大学访问学者。现任中国整形美容协会损伤救治康复分会理事，中国中西医结合学会医学美容专业委员会脂肪整形专家委员会委员，福建省康复医学会整形与美容专业委员会抗衰老专业学组委员，福建省医学会外科分会乳腺外科学组委员。参译外文医学专著7部。

副主译简介

马文海

主治医师，美容主诊医师，毕业于吉林大学，获双学士学位，长春芳澜国际整形医院技术院长。曾在中国人民解放军第二二〇医院任职。擅长眼整形、鼻整形、除皱手术、吸脂塑形、脂肪移植、脂肪加减法、钻石精雕、面部抗衰微整形注射、线雕、私密整形等。鲁脂道医生集团脂肪整形专业委员会第一届核心专家，吉林省性学学会性医学专业委员会常务理事。

王丕佳

整形外科医师，于创伤外科工作 6 年后转入整形外科工作 8 年余，将解剖逻辑与鲁脂道脂肪美学相结合，融会贯通手术与非手术技术壁垒，提出“脂肪提升”“全层抗衰”等理论。擅长眼整形、全面部脂肪移植及注射年轻化、各种注射并发症及后遗症修复等。

井　明

整形外科副主任医师，毕业于大连医科大学医疗系，在乌克兰取得临床硕士学位。靓范医生管理有限公司联合创始人。曾就职于艾尔建、美莱、吉林铭医等企业，也是多家企业特聘讲者。主要从事非手术年轻化与抗衰老治疗，擅长多种无创治疗方法，运用可再生产品、胶原蛋白、玻尿酸、肉毒毒素、PPDO 线等多种材料，联合光电仪器进行面部及身体的美容、轮廓修饰及综合抗衰老治疗，成功打造出数万例漂亮精致的美容案例。

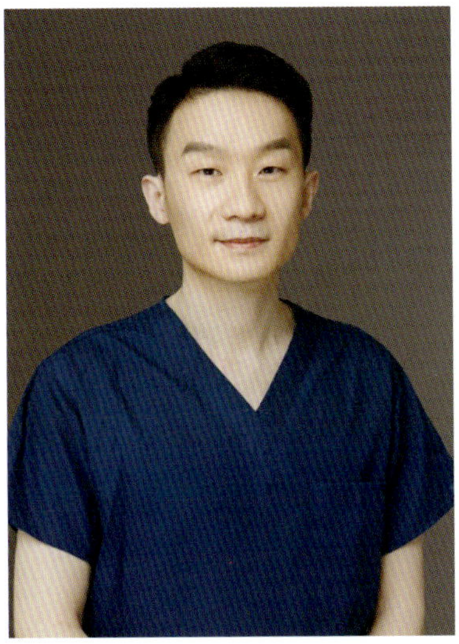

张文俊

同济大学博士后，美国罗切斯特大学访问学者，上海长征医院整形外科科室副主任。副主任医师、硕士研究生导师。中国解剖学会整形美容分会常务委员，中国医师协会美容与整形医师分会手整形学组副组长，中华医学会医学美学美容分会创面与瘢痕修复学组委员，中国中西医结合学会医学美容专业委员会委员，泛亚面部轮廓整形外科学会激光与微整形分会委员。发表学术论文 40 余篇，发表于 *Cell Death And Differentiation*、*Annals of Plastic Surery*、*Bioactive Material* 等期刊 SCI 论文 16 篇，参编专著 9 部，其中主编 2 部、副主编 3 部，获得专利授权 5 项。

译者简介

徐志山

整形外科专业博士。曾就职于北部战区总医院整形美容外科。现就职于上海玫瑰医疗美容医院，主要从事微整形注射美容工作。现任国际医疗美容整形协会中国区瘢痕医学分会委员，中国整形美容协会损伤救治康复分会第二届理事。在国内外期刊上发表论文10余篇，获国家实用专利2项。擅长面部三维设计年轻化综合管理、注射美容、线性提升、脂肪填充手术等。

黄婧雯

琅梵医疗美容集团注射微整形专家，从事医疗整形10余年，现为孙志成博士整形团队成员。中国医师协会美容与整形协会会员，世界内镜医师协会中国整形外科联盟委员会会员，环亚整形美容协会会员，中国整形美容协会注射美容与微整形专业委员会委员，天津抗衰老协会医学美容专业委员会委员等。擅长面部年轻化微雕与面部逆龄抗衰等。

张红芳

整形外科博士，副主任医师，张红芳医疗美容诊所创始人，师从四川大学华西医院整形外科岑瑛教授。从事医美整形20年，对面部五官精雕及脂肪移植有独到的见解，独创NSE（自然、立体、精致）设计理念，使术后面部更接近自然，呈现高贵、大气、温婉的塑美效果。

唐　怀

整形外科主治医师，毕业于南华大学，医学学士。现任怀化美谣医疗美容医院技术院长，超体鼻整形指定医师。从事整形外科多年，熟习各类整形手术，尤其擅长眼鼻手术、脂肪手术及微整形治疗。具有独到的审美方法和见解，精心为求美者设计手术风格，得到求美者一致好评。

徐海瑞

整形外科主治医师，美容外科主诊医师。中国整形美容协会委员，中国医师协会美容与整形医师分会委员。注重专业知识与现代审美相结合，积累了丰富的临床经验，擅长眼、鼻、胸部整形美容手术和面部脂肪移植年轻化、面部微创提升年轻化、微整形注射美容等。

周红亮

郑州缔莱美医疗美容医院技术院长，6V 青春立体面研创者，持有面部抗衰实用新型专利 2 项。著有《整形美容外科理论与实践》《整形美容外科临床实践》等医学美容著作。擅长轮廓精雕、面部无创提升、面部联合抗衰老、各种针剂的联合注射等。

文先健

西安画美医疗美容医院技术院长。整形外科主治医师，美容主诊医师，《面部与躯体塑形新技术》译者。中国整形美容协会损伤救治康复分会第一届理事，中国整形美容协会脂肪医学分会委员。擅长面部轮廓提升、头面部轮廓塑形、眼周及口周年轻化、脂肪体雕等。

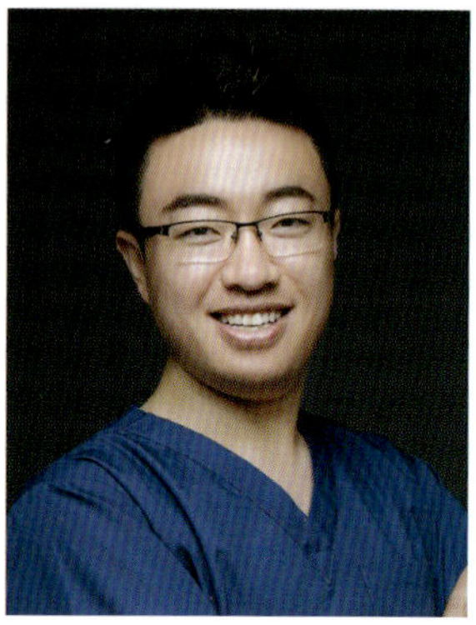

刘英男

烟台英男医疗美容医院院长，鲁脂道医生集团脂肪整形专业委员会核心专家，从事整形美容 22 年。多次赴上海交通大学医学院附属第九人民医院、北京大学第三医院、北京黄寺美容外科医院学习深造，师从我国老一辈整形美容专家，拥有多项国家专利，多次参加国内和国际整形外科学术会议及整形技术研讨会，并做专题学术发言。

赵朋飞

毕业于新乡医学院，本科，临床外科专业。上海颜净医疗美容门诊部整形外科医师，鲁脂道医生集团脂肪整形专业委员会委员，河南省医学装备学会整形美容专业委员会委员，河南省整形美容外科专业委员会委员，中国整形美容协会面部年轻化分会委员。曾于上海交通大学医学院附属第九人民医院整形外科研修。擅长面部精细塑形、透明质酸注射、脂肪移植等。

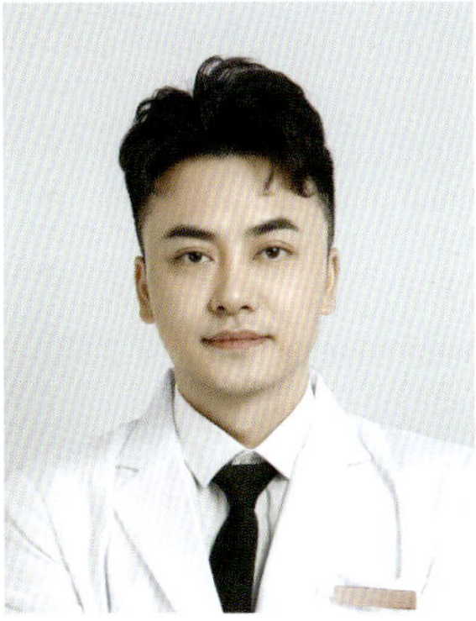

蔡跃波

整形外科主治医师。鲁脂道医生集团第一届核心专家，中国整形美容协会脂肪专业委员会委员，中华医学会整形外科学会脂肪专业学组委员，中国大众文化学会美容整形脂肪学组秘书，超脂塑指定操作专家，伊妍仕、濡白天使、艾维岚、瑞士高德美、美国艾尔建、弗缦认证指定注射医师。

杨伟红

毕业于中南大学湘雅医学院，硕士研究生，整形外科主诊医师。深圳医师协会会员。从事医学相关工作10余年。艾尔建乔雅登指定注射医师、艾维岚认证注射医师、弗缦胶原蛋白填充剂卓能医师、Botox认证注射医师、爱拉丝提认证注射医师。擅长面部微创整形、各种填充剂注射美容、私密紧致、私密年轻化等。

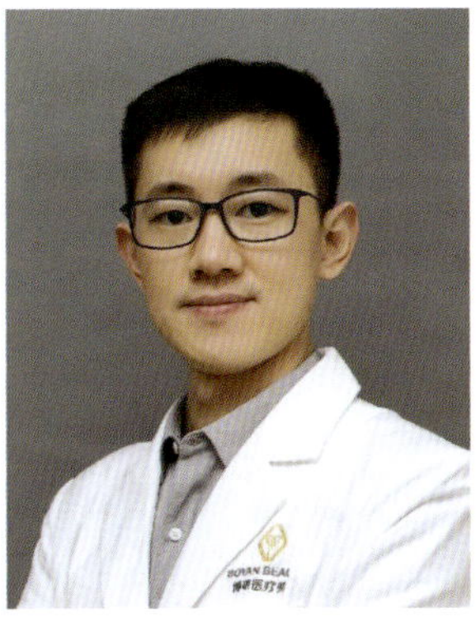

孙泽东

吉林省延吉市艾弗蒂格医学美容医院院长、创始人，整形外科主治医师，美容主诊医师。从事医美整形10余年，独创“孙氏”无痕重睑术及幼态眼袋技术，著有《注射填充科学与艺术》等图书。中国整形美容协会会员，中国整形美容协会微整形分会会员。

魏思刚

副主任医师，就职于沈阳圣优国际整形修复医院整形外科，沈阳塑妍医疗美容门诊部。毕业于德国汉诺威医学院，在国内外期刊上发表论文19篇，其中以第一作者或通讯作者发表SCI论文9篇，美容整形外科微创手术引流器第一发明人，著有《整形美容外科学应用与研究》《实用形态美学探索》等专著。

透明质酸注射的安全应对措施【速查手册】

如果在注射过程中出现剧烈疼痛、皮肤苍白或视力下降等症状，可能是发生了栓塞引起的皮肤血液循环障碍或失明等严重并发症，应立即停止注射，并立即采取以下措施进行处理。

发生皮肤血液循环障碍时的处理

详细内容见本书 52～56 页“皮肤血液循环障碍和皮肤坏死”。

- **热敷：** 目的是使血管扩张。
- **按摩：** 促进填充剂从注射区域排出。
- **透明质酸酶的局部给药：** 在疑似有栓塞的血管区域注射透明质酸酶。

面部皮肤血液循环障碍，常见于口唇、鼻部、鼻唇沟、额部等区域，在各区域皮下注射 300 U 的透明质酸酶。

【透明质酸酶配制方法】

Hylenex（源自人体）

1 V=150 U=1 mL（液体）。使用时无须稀释。

Hyalase（源自绵羊）

1 V=1500 U（粉末）。将 1 V 溶于 10 mL 生理盐水中，以 1 mL=150 U 进行调配。

【操作示例】

(1) 用 2.5 mL 注射器抽吸 2 mL 配制后的透明质酸酶。
(2) 添加 0.2 mL 的 1% 利多卡因，并使用 27G 的针头。
(3) 在每个位点皮下注射 0.1～0.2 mL 透明质酸酶，使每个区域的给药总量达到 300 U 左右。
(4) 通过按摩将透明质酸酶扩散到组织中。
(5) 在循环得到改善之前，每隔 30 min 重复一次（1）～（4）的步骤。

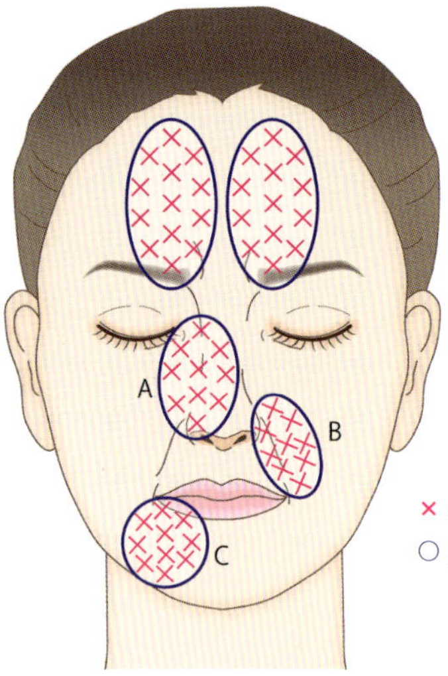

×：每个位点注射透明质酸酶 0.1～0.2 mL
○：每个区域注射透明质酸酶 300 U，直到血液循环恢复为止。在循环改善之前，每 30 min 重复注射一次。
［例］A+B：600 U；A+B+C：900 U

发生失明事故时的处理

详细情况见本书 70～81 页“应对失明情况的处置”。

- 请患者躺下，建立静脉通路。
- 与眼科医生取得联系，通告病情；如在诊所操作，向上级医疗机构请求紧急救援，并安排工作人员准备运送患者。
- 为注射透明质酸酶做好准备。

【透明质酸酶配制方法】

Hylenex（源自人体）

1 V=150 U=1 mL（液体）。使用时无须稀释。

Hyalase（源自绵羊）

1 V=1500 U（粉末）。将 1 V 溶于 5 mL 生理盐水中，以 1 mL=300 U 进行调配。

【操作示例】

（1）用 2.5 mL 注射器抽吸 2 mL 配制后的透明质酸酶。
（2）添加 0.2 mL 的 1% 利多卡因，使用球后麻醉针（44 mm 的 23G 弯针）注射。※ 如果没有球后麻醉针，可以使用 40 mm 的 25G 套管针。皮肤穿刺使用 23G 锐针。
（3）球后注射透明质酸酶（球后注射技术的 AR 视频讲解见本书 80～81 页）。
（4）每隔 30～60 min 重复一次（1）～（3）步骤，直至恢复视力。

- 还应与眼科医生一起讨论综合治疗方案。

透明质酸注射发生事故时
【紧急联系人】

（医院名称：　　　　　　　　　　　　　　　　　）

- 应提前填写此表，以备注射透明质酸发生意外时使用。
- 在诊疗时间之外，可能专业医生不上班，或者不能提供服务，所以必须事先调查清楚。
- 请寻找距离贵医院较近的医院。

【目标】皮肤血液循环障碍：治疗时间为 6 h 内
失明：治疗时间为 90 min 内
脑梗死：治疗时间为 6 h 内

皮肤血液循环障碍 ⇒ 去有住院条件、有整形外科医生的医院

诊疗时间内	①医院名称（　　　　）	TEL（　　　　）
	②医院名称（　　　　）	TEL（　　　　）
诊疗时间外	①医院名称（　　　　）	TEL（　　　　）
	②医院名称（　　　　）	TEL（　　　　）

失明 ⇒ 去有住院条件、有眼科医生的医院

诊疗时间内	①医院名称（　　　　）	TEL（　　　　）
	②医院名称（　　　　）	TEL（　　　　）
诊疗时间外	①医院名称（　　　　）	TEL（　　　　）
	②医院名称（　　　　）	TEL（　　　　）

脑梗死 ⇒ 去有住院条件、有血管治疗经验医生、有神经外科医生的医院

诊疗时间内	①医院名称（　　　　）	TEL（　　　　）
	②医院名称（　　　　）	TEL（　　　　）
诊疗时间外	①医院名称（　　　　）	TEL（　　　　）
	②医院名称（　　　　）	TEL（　　　　）

观看视频方法

本书附赠了 4 个球后注射视频。要观看视频需要微信扫描下方二维码。此为一书一码，为避免错误扫描导致视频无法观看，此二维码提供两次扫描机会，扫描两次后，二维码不再提供免费观看视频机会。购买本书的读者，一经扫描，即可免费观看本书视频。该视频受版权保护，如因操作不当引起视频不能观看，本出版社均不负任何责任。切记，勿将二维码分享给别人，以免失去自己的免费观看视频机会。操作方法请参考视频使用说明。

视频使用说明

扫描二维码即可直接观看视频。视频下有目录，点击目录可以进入相关视频的播放页面直接观看。

O99Rej

扫描二维码观看视频

序 言

本书是针对面部透明质酸注射治疗的安全管理手册。医疗美容是能够丰富求美者人生的医疗方法，但是由于不是非常急迫的医疗行为，对其风险的准备和预防更为重要。

透明质酸注射治疗，在医疗美容中被列入非手术治疗或微创医疗项目，广泛应用于法令纹、下睑和中面部的年轻化治疗以及隆鼻和下颌整形等。一般认为微创治疗风险较低，但事实并非如此。透明质酸注射治疗也会引发严重的医疗事故，如失明和皮肤坏死。即使是微创治疗，也需要从医疗安全的角度做好准备。编写本书的目的是保护患者和医务人员免受相关医疗事故的伤害。

本书详细介绍了透明质酸注射前、注射时和注射后的要点。同时，对于注射后的轻中度并发症、皮肤坏死等重度并发症以及失明等医疗事故，分别进行了详细说明。关于并发症的发病机制和应对方法，作者给出了目前最可靠的阐述。同时，还有很多内容没有充分的科学依据，今后还需要进一步修正。

本书所面对的主要读者是具有一定专业水平的整形外科医生。作为专业医生，应熟悉整个面部的解剖结构，其中包括眼眶，并能进行眼眶内透明质酸酶的紧急注射。由于注射治疗的医疗风险对每个人来说都是一样的，因此不局限于整形外科医生，希望对透明质酸注射治疗感兴趣的其他科室的医生也能阅读本书，并从中受益。

本书的编写得到了眼科医生的帮助，他们从眼科的角度给出了建议，并提供了眼眶内注射的视频。在应对失明等医疗事故时，我们还从法律角度得到了律师的建议。

以本书为参考，在作者所在医院进行药剂配制时，常与眼科医生合作。透明质酸注射治疗可能引发相关的并发症，与眼科医生建立互相协作的关系非常重要。通过定期的学术会和研讨会可以建立互相信任的合作关系。

在编写本书时，作者得到了很多人的帮助。借此机会，向他们表示衷心的感谢。

大慈弥 裕之

福岡大学副学長・形成外科教授

出版寄语

开发安全的人工填充剂是整形科医生的永恒课题。

这一课题始于 20 世纪中叶的硅胶。这种高分子化合物曾被广泛用作战时飞机的润滑油。后来，人们开始在和平时期寻求其普遍用途，其中之一就是医用硅胶。

医用硅胶因其生物相容性和不会随着时间的推移而损坏的特性而受到青睐。人们利用其可塑性，将其从硅凝胶和硅胶袋组合形成的丰胸植入物发展到液态硅胶的面部注射填充。

然而，由于其非吸收性的特性，不久之后就出现异物反应，特别是过敏反应，最终成为困扰人们的问题。而且材料本身性状也会发生变化，从而导致制造商面临大量的医疗诉讼，并最终可能破产。

取而代之的是胶原蛋白，其作为一种安全的生物材料引起人们的关注。它具有吸收性，因此人们认为即使出现问题，只要注射物被吸收，反应也会消失。然而，由于疯牛病的出现，人们对胶原蛋白产生畏惧；即使没有疯牛病的风险，也不再鼓励使用。

透明质酸则成为胶原蛋白的替代品，它是一种自然存在于生物体中的物质，与胶原蛋白相比，其过敏性要小得多。今后，透明质酸在美容整形领域将越来越受到欢迎。

但是，与其他药物和填充剂一样，任何有效的治疗方法必然伴随着一定的风险。医生的职责是最大化效果，最小化风险。当前已经开始出现了一些透明质酸注射引发的并发症，如果长期使用可能会发生更多未知的并发症。另外，除了材料本身的安全性外，透明质酸注射要求医生的注射技术也必须娴熟。

本书的出版可以说非常及时。这本书不仅是整形外科医生必读的参考书，也是所有医疗美容工作者的必读之书。

塩谷信幸

DAA（アンチエイジング医師団）代表・北里大学名誉教授

医疗美容无疑是可以让人幸福的医疗项目。

医疗美容领域的发展使得透明质酸注射成为一种简单又方便的治疗方法。从单纯地消除皱纹，到改善外观，再到控制表情等多种适应证，透明质酸注射技术也日新月异。今后，注射目的、注射材料、注射技术等都将进一步发展。但作者认为，“微创”与“低风险”并不是同义词，将针刺入人体并注射异物，也可能导致各种并发症的发生。作为注射透明质酸的医生，有责任最大限度地降低风险。

本书由经验丰富的整形外科医生与眼科医生以及律师组成的团队编写，由著名的大慈弥教授为主编，旨在介绍如何安全地进行透明质酸注射。本书内容包括面部解剖学知识和注射前的注意事项，并提供了紧急情况下的处置方法，涵盖了眼科医生和法律角度的观点，以全面理解透明质酸注射的安全性。本书内容全面，及时介绍了各个方面的准确内容。

这是一本有鲜明特色的关于透明质酸注射的图书，它专注于临床上最需要关注的风险，是由该领域的专家医生们紧密合作编撰而成的。作为一名整形美容医生，我衷心感谢大慈弥教授及其他医生对于医疗美容和健康安全所做出的贡献。这本书对于临床医生将有极大的帮助。

进行透明质酸注射的医生应该将本书放在手边，以保证医疗美容确实是能给人带来幸福的医疗项目。

古山登隆

自由が丘クリニック

目录

第1章 注射前的要点

第2章 注射时的要点

第3章 注射后的要点

第4章 失明的应对措施

第5章 透明质酸注射治疗的医疗安全问题

第 1 章

注射前的要点

第1章 注射前的要点

1 患者说明

为了避免患者对透明质酸注射治疗抱有过高的期望，医生应该降低患者的期望值，以缩小期望结果与治疗实际结果之间的差距。医生应该对患者的期望进行医学预测，并解释说明医生认为适合的治疗方案。

为了确保安全，必须对透明质酸注射治疗的风险进行详细说明，并获得患者的理解和配合。

2 照相

为了客观地评估治疗效果和副作用，需要进行临床摄影记录。建议在手术前后从多个方向（正位、侧位、斜位等）进行全面部摄影。这样做有助于避免与患者发生纠纷。

3 获取“知情同意书”

※ 参考：“知情同意书”（福冈大学博多站诊所）。

在治疗之前必须签署“知情同意书”※。

在“知情同意书”中，应具体说明与注射相关的并发症，还应说明在紧急情况下可能会使用透明质酸酶。由于有对透明质酸酶过敏的报道，在注射前应询问是否有食物、药物等过敏史或过敏性休克史。

ID：　　　　　　　　姓名：　　　　　先生 / 女士

知情同意书

福冈大学博多站诊所 尊敬的诊所主任：

本人在接受透明质酸注射治疗之前，医生已说明了下列同意书中记载的所有事项，本人已充分理解了其内容。另外，已给予本人充分的时间来考虑是否接受这个治疗。基于上述情况，本人自愿并同意接受此治疗。

同时，本人已收到了“知情同意书”的复印件。

（说明人）

说明日期：＿＿＿年＿＿月＿＿＿日

诊疗科室：＿＿＿＿＿＿＿＿说明医生：＿＿＿＿＿＿＿＿

（同意人）

同意日期：＿＿＿年＿＿月＿＿＿日

同意人（本人签字）＿＿＿＿＿＿＿＿

1. 本人的个别问题和答复　□（确认后在□里打“√”）

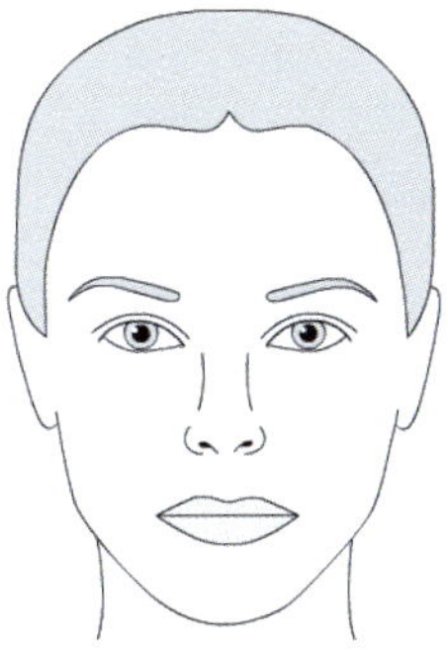

2. 治疗的目的、必要性、有效性　□

透明质酸注射疗法是通过注射器将透明质酸制剂注入皮肤。这种疗法旨在弥补因年龄增长而导致的组织容量不足，直接注入皱纹深面可以改善皱纹和松弛。

3. 治疗内容 □

- 针头刺入注射部位，注射透明质酸制剂。
- 治疗效果因透明质酸注射剂的种类、个体差异、注射部位的不同而不同。
- 在数月至 24 个月内，大部分透明质酸注射剂会被自体逐渐分解和吸收。
- 透明质酸注射剂可以通过分解酶进行分解。

4. 治疗禁忌证（不能接受治疗者） □

- 患有链球菌感染性疾病者（有复发性咽痛、风湿病史者）。
- 免疫功能异常或正在使用免疫抑制剂者。
- 有出血倾向者，正在服用抗血小板药和抗凝药者。
- 注射部位有感染（疱疹、痤疮）或患有皮炎者。
- 孕妇和哺乳期妇女。
- 利多卡因过敏者、心脏传导阻滞者、严重肝损伤者、患有卟啉病者（治疗时需要使用局部麻醉剂利多卡因）。

5. 接受治疗后的注意事项 □

- 避免挤压注射部位。
- 治疗后 24 h 内不得进行剧烈运动，避免饮酒。
- **注射后，如果注射部位及周围出现肿胀、剧痛、皮肤变化（变白，出现红色至紫色斑点，深红、灰色或黑色小斑点增多）等变化，请拨打紧急联系电话。**

6. 与治疗相关的危险性 □

- 疼痛。
- 皮下出血、皮下血肿：通常 2～3 周自然消退。
- 肿胀、发红：注射后几天，注射部位可能会有轻度肿胀或发红。另外，根据制剂的不同，透明质酸含有水分，有时会膨胀 20% 左右。
- 感染：注射操作在适当的无菌操作下进行，但偶尔会发生感染。
- 过敏反应：有时会对制剂中含有的成分产生过敏反应。在注射后，或注射后经过一段时间，会发生红肿。
- 皮肤血液循环障碍：透明质酸制剂注射中可能会压迫或阻塞血管，导致皮肤血液循环障碍。
- 视力障碍：非常罕见，但有失明的报道。**在日本，使用厚生劳动省批准的透明质酸制剂注射治疗没有发生过失明事故（截至 2018 年 9 月）。**

7. 发生突发状况时的应对 □

万一发生意外情况，医疗人员将采取最佳的处理措施。本诊所备有透明质酸酶Hylenex®（人源透明质酸酶），以备不时之需。在紧急情况下，医生可能会根据判断决定是否使用。由于有透明质酸酶过敏的病例报道，如果您有过敏病史或过敏性休克史，请提前告知。

8. 可替代的治疗方法 □

手术和仪器治疗对改善皮肤松弛和皱纹也很有效。

9. 在没有进行任何治疗的情况下预期过程 □

与年龄相关的变化是自然形成的。

10. 撤回治疗同意的办法 □

即使提交了同意书，在治疗开始之前，仍可以中止本治疗。如想中止治疗，请通知以下联系人。

联系人

如果对本治疗有疑问，或者接受治疗后发生紧急情况，请联系以下人员。

联系人姓名：xxx
住址：xxxxxx
医院：福冈大学博多站诊所整形美容外科
电话：xxx

第 2 章

注射时的要点

第2章 注射时的要点

1. 必须了解的解剖学知识

——面部解剖层次、主要血管和危险区域、推荐注射层次

要点

◆血管的走行需要从三维角度来理解，包括注射位置和深度。

◆注意眉间（滑车上动脉）、鼻部（鼻背动脉）、鼻唇沟（面动脉）等部位的并发症。

前言

本节介绍与透明质酸注射有关的面部解剖结构。虽然血管解剖有各种变化，但了解最常见的解剖结构可以增加操作的安全性和可重复性。同时需要注意，仅仅了解本节中介绍的解剖结构并不能完全避免并发症的发生。

在一般的解剖学教科书中，血管的走行通常以二维方式呈现，这导致在这些区域注射透明质酸可能存在潜在的风险。在许多情况下，例如在鼻唇沟区域，为了改善皱纹，往往需要在靠近血管的位置进行注射。血管在三维空间中走行，如果对此有深度了解，就可以避开血管进行注射。

在本节中，展示了血管在三维空间的走行规律，并介绍了注射的安全层和危险层。

1 面部的解剖层次

在理解面部的三维解剖结构时，需要掌握其重要的层次结构（layer）。

层①：皮肤层

皮肤层由表皮层和真皮层组成。真皮层下有富含微血管的皮下血管网。皮肤的厚度因部位而异：

上睑：0.38 mm；下睑：0.83 mm；颊部：1.23 mm；额部：1.08 mm；鼻背：0.77 mm；上唇：0.86 mm；下唇：0.86 mm；下颌：1.19 mm。

层②：皮下浅层脂肪

层③：SMAS 层（表浅肌肉腱膜系统）、表情肌

SMAS 层包括面部表情肌的筋膜层，头侧与帽状腱膜、额肌、眼轮匝肌相连，外侧与颞顶筋膜相连，尾侧与颈阔肌相连。

层④：皮下深层脂肪

层⑤：骨膜、骨骼

骨骼有额骨、鼻骨、上颌骨、颧骨、下颌骨等。

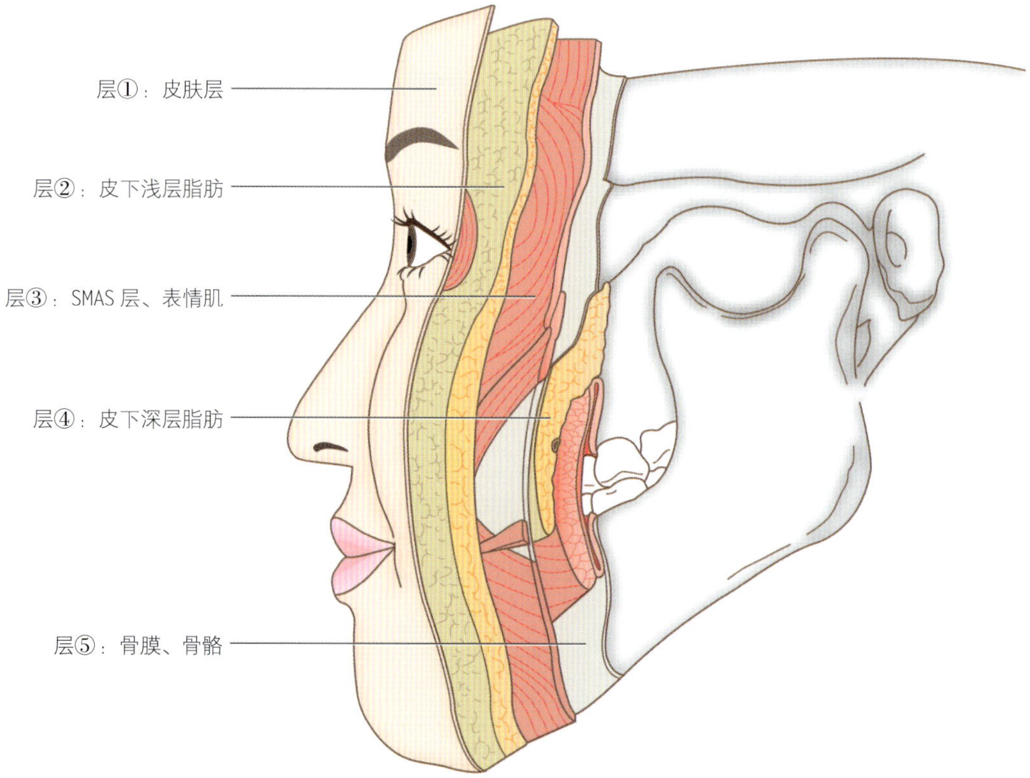

2 面部的主要血管

颈外动脉系统

①面动脉—上唇动脉—上唇鼻小柱动脉。

—下唇动脉。

—鼻外侧动脉。

②颞浅动脉。

颈内动脉系统

①眶上动脉。

②滑车上动脉。

③眼动脉—鼻背动脉。

④眶下动脉。

鼻背动脉与眼动脉相交通，内眦动脉与滑车上动脉相交通，滑车上动脉与眶上动脉相交通，眶上动脉与颞浅动脉相交通，相互交通形成血管网络。

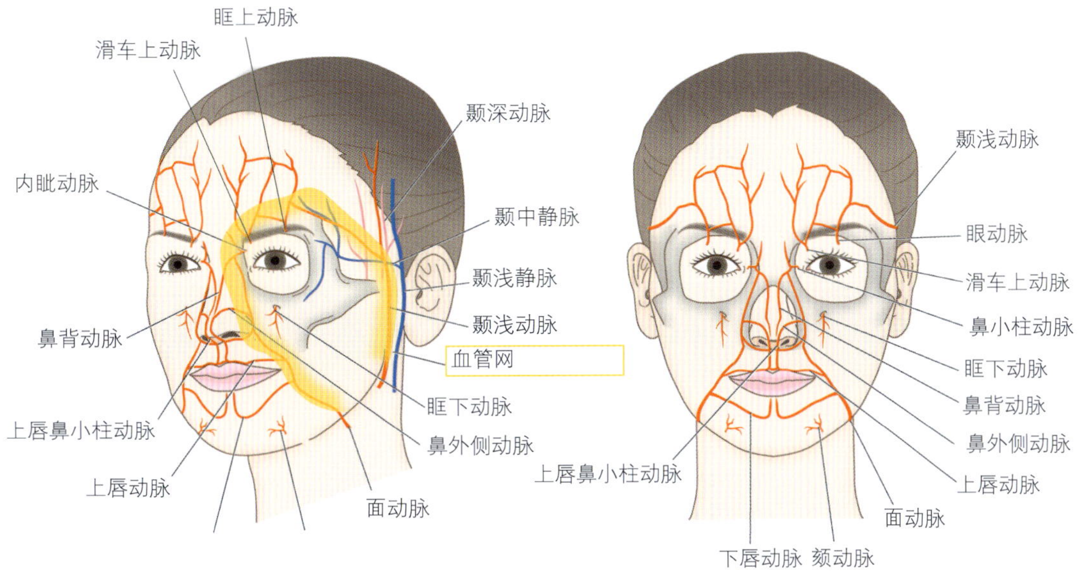

3 血管的位置、深度和危险区域及推荐注射层次

注：带圆圈的解剖层数字与“面部的解剖层次”（9～10页）相对应。

面部（正面）

①血管的位置和深度。

滑车上动脉

起自额部切迹。外侧支在深层（第③层）走行。内侧支在浅层走行，在眉间皱纹附近，血管位于皮下层（第②层）。

眶上动脉

从眶上孔穿出。在额肌内走行，浅支距眶上缘 20 mm，深支距眶上缘 40 mm，到达皮下浅层脂肪（第②层）。

额部切迹（有滑车上动脉和滑车上静脉穿出）
- 在过内眦角的垂直线与眶上缘的交点内侧 3 mm 处。
- 在中线外侧 17～22 mm 处。

眶上孔（有眶上动脉和眶上静脉穿出）
- 在内眦角外侧 10.8 mm 处。
- 在中线外侧 32 mm 处。
- 在过角膜内侧缘的垂线上。

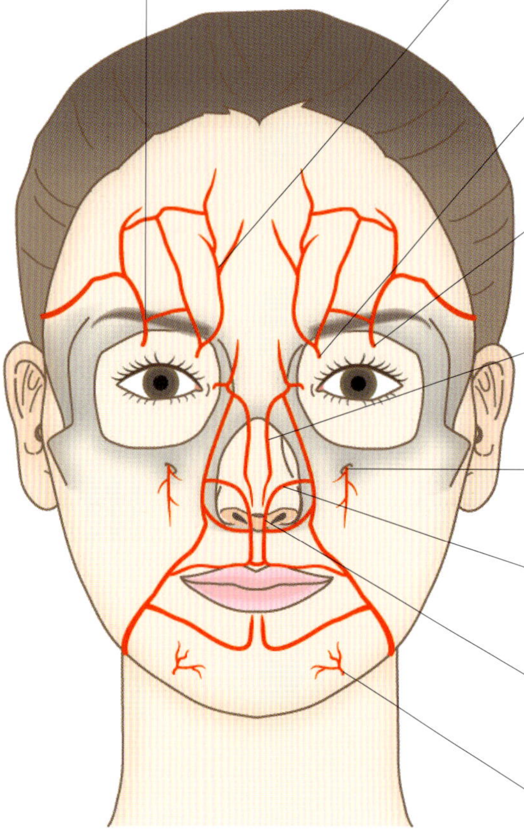

鼻背动脉

在鼻部的上半部分，穿过皮下浅层脂肪（第②层）；在鼻部的下半部分，穿过肌肉层（第③层）和皮下深层脂肪（第④层）。血管从中线稍外侧穿过。

眶下孔（有眶下动脉和眶下静脉穿出）
- 位于眶下缘下方 0.5～1.0 cm 处。
- 男性中位于眶下缘正中外侧 25.7～27.1 mm处，女性中位于眶下缘正中外侧 24.2～26.8 mm处。

鼻外侧动脉

在鼻翼沟头侧 2 mm 处，在皮下浅层脂肪（第②层）走行。

上唇鼻小柱动脉

在鼻小柱的皮下浅层脂肪（第②层）走行。

颏孔（有颏动脉和颏静脉穿出）
- 在下颌（第一前磨牙）和（第二前磨牙）根尖下方之间。

②危险区域和推荐注射层次。

上睑

危险区域：
- 额部切迹，眶上孔。
- 上睑内侧（有眼动脉走行）。

推荐注射层次： 眼轮匝肌下脂肪层（内眦后脂肪、眶隔脂肪）（第④层）。

前额

危险区域：
- 皮下层（第②层）。
- 肌肉层（第③层）。

推荐注射层次： 建议在骨膜上使用钝针进行注射。注射时压迫眼眶边缘。

眉间

危险区域：
- 皮下浅层脂肪（第②层）。
- 肌肉层（第③层）。

  眉间注射是导致失明的首要原因。

  导致组织坏死的危险也很高。

推荐注射层次： 在眉间垂直皱纹部位注射在真皮深层（第①层），在其他部位注射在骨膜上（第⑤层）。

骨膜上推荐使用钝针进行注射。注射时压迫眼眶边缘。

下睑

危险区域： 眼轮匝肌下层（有下睑内侧动脉走行）。

推荐注射层次： 睫毛附近的皮下层（第②层）。

鼻部

危险区域：
- 皮下浅层脂肪（第②层）。
- 肌肉层（第③层）。
- 鼻背正中稍外侧。
- 鼻翼外侧 2 mm 处。
- 在鼻部注射是导致组织坏死的主要原因，也是仅次于眉间注射的第二大致盲原因。

推荐注射层次： 骨膜上和软骨膜上层（第⑤层）。

在中线区注射在正中处，通过按摩使其向外扩散。对于鼻尖和鼻翼，要控制注射剂量。

推荐使用钝针进行注射。在注射过程中，应压迫鼻背上部及内眦附近。

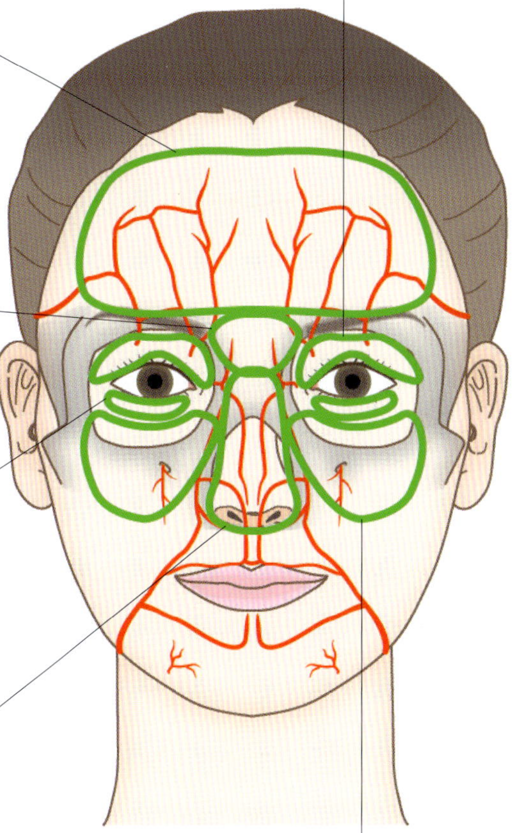

眶下区、泪沟、鼻唇沟

危险区域：
- 泪沟内侧眼轮匝肌深面（第③层）（有内眦动脉走行）。
- 眶下孔。

推荐注射层次： 皮下层（第②层），肌肉层下脂肪（眼轮匝肌下脂肪、眶隔脂肪）层（第③层），骨膜上（第⑤层）。

注射部位在眶下孔的外侧，通过按摩向内侧扩散。建议使用钝针进行注射。

■面部（斜侧面）

①血管的位置和深度。

颞浅动脉

在眉峰头侧 2 cm 处走行。

颞深动脉

分为颞深动脉前支和颞深动脉后支，在整个颞肌的肌肉层内走行。

颞浅动脉

先走行于颞顶筋膜层（第③层），之后从额肌的外侧缘进入皮下层（第②层）。

颞浅动脉的分支位于耳垂顶点的头侧 36.9 mm、前方 17.7 mm 处。

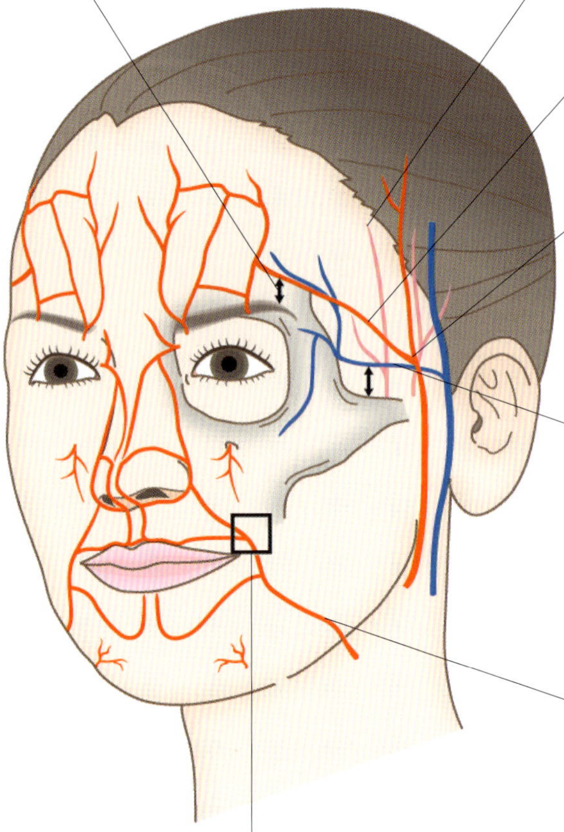

颞中静脉

走行于颞深筋膜的浅层和深层之间，在颧弓的头侧 2 cm 处，与颧弓平行走行。

面动脉

在下面部走行于颈阔肌深面，在头侧走行于口轮匝肌内侧和颧大肌浅面。在鼻唇沟的下 2/3 处走行于上唇口轮匝肌层（第③层），在鼻唇沟的上 1/3 处走行于皮下层（第②层）。

面动脉

在口角上外侧 1.5 cm 处的正方形中心处，与上唇动脉分支相交通。

②危险区域和推荐注射层次。

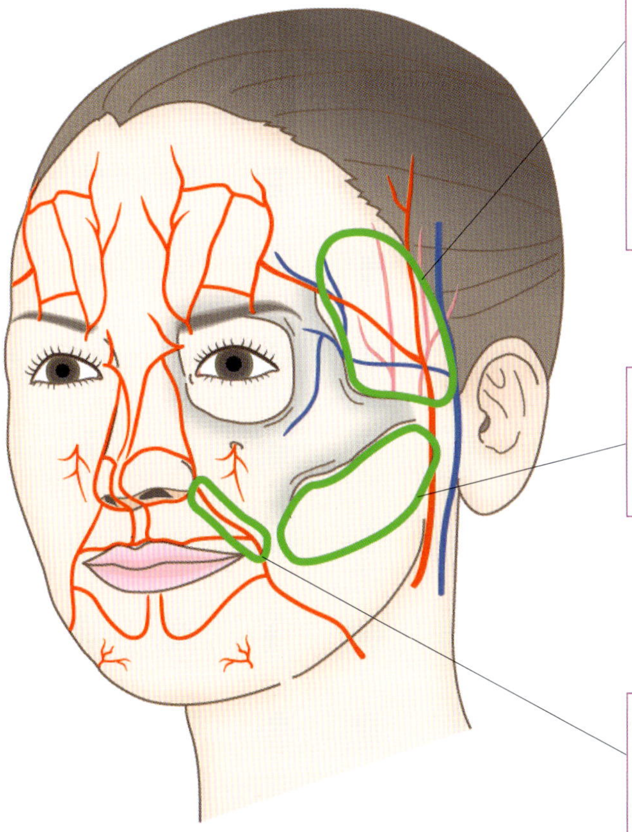

颞部

危险区域：

- 颞顶筋膜。
- 颞肌。
- 颞深筋膜浅层和深层之间，颧弓头侧 2 cm 处。
- 已有关于肺栓塞和失明的报告。

推荐注射层次： 皮下层（第②层），颞顶筋膜下层（第④层），骨膜上（第⑤层）。

第②层和第④层推荐使用钝针进行注射。第⑤层要使用足够长的锐针进行注射，以到达骨骼表面。

颧骨下凹陷区

危险区域： 无。

推荐注射层次： 皮下浅层脂肪（第②层），由于注射面积较大，推荐使用钝针进行注射。

鼻唇沟

危险区域：

- 鼻唇沟上 1/3 处的皮下层（第②层）。
- 鼻唇沟下 2/3 处的肌肉层（第③层）。
- 鼻唇沟注射是导致组织坏死的第二大原因，也是导致失明的第三大原因。

推荐注射层次： 鼻唇沟上 1/3 处的骨膜上（第⑤层）或真皮层（第①层），鼻唇沟下 2/3 处的皮下浅层脂肪（第②层）。

口唇、下颌

①血管的位置和深度。

上唇动脉

在口轮匝肌（第③层）和唇缘水平的黏膜之间走行。由唇弓外侧向内走行至人中，与上唇鼻小柱动脉交通。

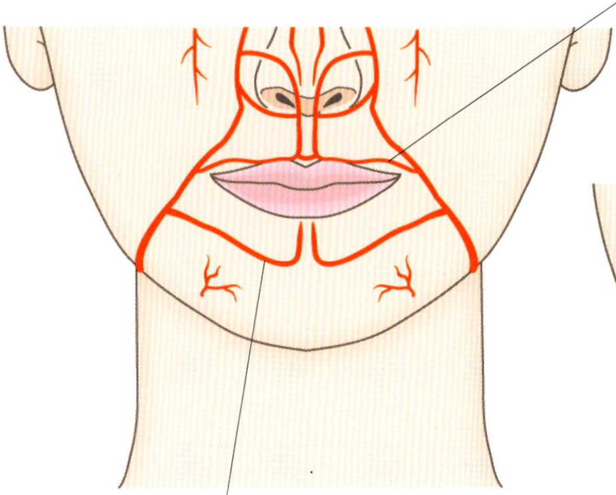

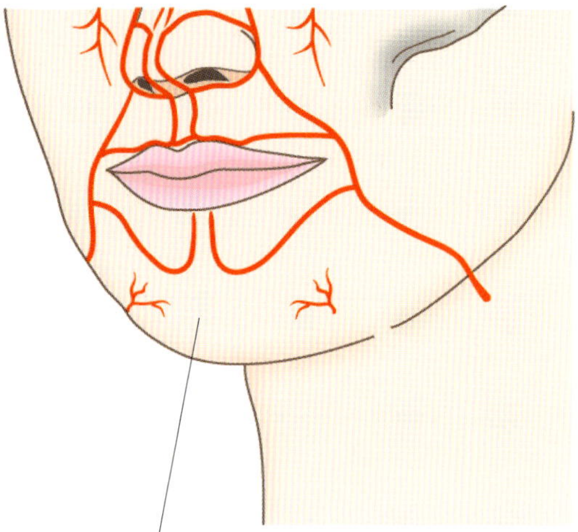

下唇动脉

在口角附近从面动脉发出。沿下唇黏膜下层穿入口轮匝肌（第③层）。除了沿着唇缘高度走行外，还有沿着下唇缘尾侧 1.5 cm 处的肌肉层走行的。

下颌

由颏动脉和下唇动脉供血，是一个相对安全的部位。

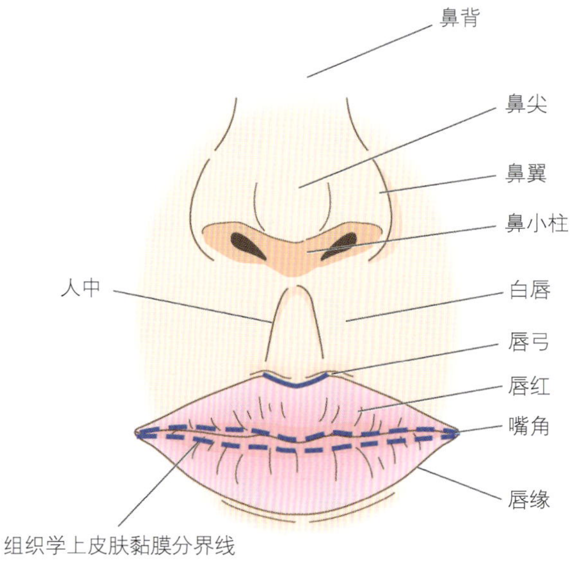

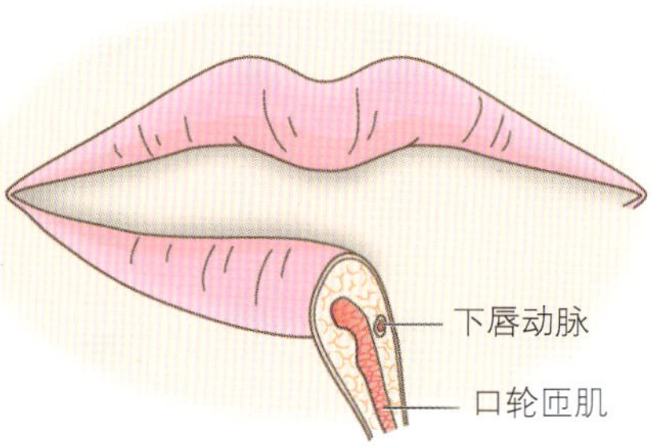

②危险区域和推荐注射层次。

口角
■危险区域：肌肉层（第③层）。
■推荐注射层次：皮下层（第②层）。
使用 Crosshatch 技术（网格状注射技术）进行注射。

上唇
■危险区域：口轮匝肌与黏膜之间。
■推荐注射层次：深度在 3 mm 以内的皮下层（第②层）。
注射到唇缘的真皮深层（第①层），使唇部轮廓鲜明，或注射到唇红部，以增加唇部容量。

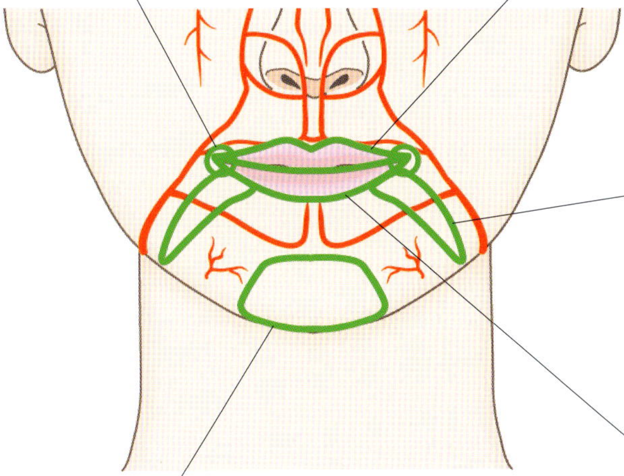

流涎纹区（木偶纹区）
■危险区域：无。
■推荐注射层次：皮下层（第②层）。

下唇
■危险区域：口轮匝肌与黏膜之间。
■推荐注射层次：同上唇。

下颌
■危险区域：颏孔。
■推荐注射层次：骨膜上层（第⑤层）。
如果注射容量不足，皮下层（第②层）也要进行注射。

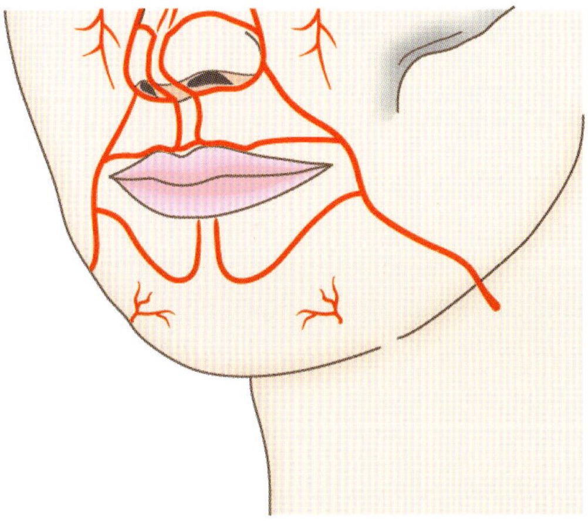

参考文献

[1] Kim H-J, Seo K-K, Lee HK, et al. Clinical anatomy of the face for filler and botulinum toxin injection. Springer, Singapore, 2015.

[2] Cong LY, Phothong W, Lee SH, et al. Topographic analysis of the supratrochlear artery and the supraorbital artery: implication for improving the safety of forehead augmentation. Plast Reconstr Surg 139: 620e-627e, 2017.

[3] Cotofana S, Pretterklieber B, Lucius R, et al. Distribution pattern of the superior and inferior labial arteries: impact for safe upper and lower lip augmentation procedures. Plast Reconstr Surg 139: 1075-1082, 2017.

[4] Pilsl U, Anderhuber F: The External Nose. The nasal arteries and their course in relation to the nasolabial fold and groove. Plast Reconstr Surg 138: 830e-835e, 2016.

[5] Scheuer JF 3rd, Sieber DA, Pezeshk RA, et al. Facial danger zones: techniques to maximize safety during soft-tissue filler injections. Plast Reconstr Surg 139: 1103-1108, 2017.

[6] Scheuer JF 3rd, Sieber DA, Pezeshk RA, et al. Anatomy of the facial danger zones: maximizing safety during soft-tissue filler injections. Plast Reconstr Surg 139: 50e-58e, 2017.

[7] Rho NK, Chang YY, Chao YY, et al. Consensus recommendations for optimal augmentation of the Asian face with hyaluronic acid and calcium hydroxylapatite fillers. Plast Reconstr Surg 136: 940-956, 2015.

2. 注射的实际操作和顺序

要点

◆不管针的形状如何，最重要的是对每个部位都要缓慢、低压、少量地进行注射。

1 注射前的准备

1 确认治疗史

在过去曾接受过外科治疗（特别是隆鼻手术和面部重建手术）或注射治疗的部位，可能会出现血管移位和周围组织纤维化等问题，增加了刺入血管的风险。因此，一定要确认患者的治疗史，并做好详细的记录。对于有治疗史的部位，需要特别注意。

2 避免在镇痛、镇静状态下注射透明质酸

局部麻醉应仅在进针部位使用，不应使用镇痛或镇静下注射的方法。建议避免过度使用镇痛注射疗法，因为“疼痛”是严重并发症的一个重要标志。

特别是对于患者失明等严重的并发症，要尽早发现并及时处理。因此，最好在患者处于清醒的状态下进行手术。

3 肾上腺素的使用

肾上腺素的使用在临床上存在争议。作者不推荐使用肾上腺素。这是为了避免掩盖可能发生的血管内注射透明质酸的症状，即皮肤颜色发生变化。一些报道指出，使用肾上腺素可以使血管收缩，可能会降低误入血管内注射的风险。

2 注射的实际操作

1 注意眉间、鼻部、鼻唇沟的注射

※ 参照本书 9～18 页“必须了解的解剖学知识——面部解剖层次、主要血管和危险区域、推荐注射层次”

应掌握面部血管走行的位置和深度，并将药物注射到适当的层次。为了避免并发症的发生，必须熟知血管解剖学※。

特别是在眉间、鼻部、鼻唇沟进行注射时，经常会导致患者失明和皮肤坏死等严重并发症的发生。为了确保安全，在这些部位注射时，应注意用手指压住眶下缘内侧和鼻部侧面，以防止血管交通部位发生栓塞（图 2.2.1）。

2 钝针的使用

在血管注射风险较高的部位，推荐使用钝针进行注射。在总结注射治疗导致失明事故的报道后发现，与锐针相比，钝针注射的使用更为普遍，但也需要加以注意。如果钝针与血管的角度接近 90°，即使是钝针也有贯穿血管的风险。因此，建议将钝针与血管接近平行（10°左右）地刺入。在想象着面部血管的三维结构的同时，要认真而缓慢地进行操作，将钝针插入到阻力最小、疼痛感最轻的那一层次中。

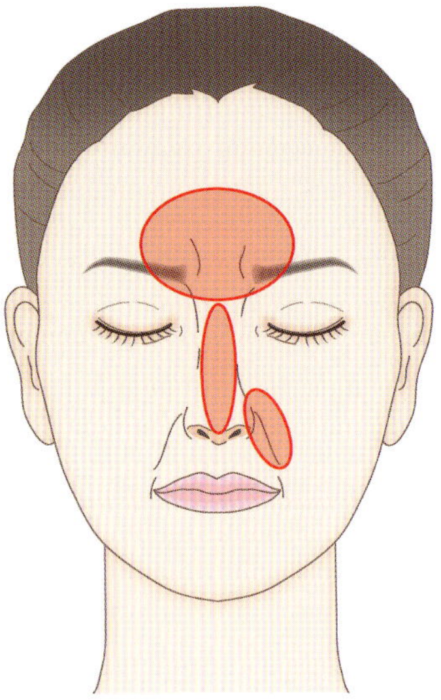

图 2.2.1 动脉栓塞的高发部位

3 注射前必须进行抽吸试验

※ 在一定时间内对柱塞施加负压，检查血液能否被吸引的测试。

在注射前应进行抽吸试验※，以确保针尖没有刺入血管。一项采用 24 种透明质酸制剂进行的抽吸试验可靠性调查研究显示，当针尖进入血管后，在施加负压 1 s 后阳性率为 37%，在施加负压 10 s 后阳性率为 74%。

如果使用锐针，建议使用尽可能细的针头；但针头越细，抽吸试验的可靠性就越差。

因此，即使抽吸试验呈阴性，也有可能是假阴性（针尖停留在血管内，却无法抽出血液）；所以即使抽吸试验为阴性，也不要过于自信，尤其是在鼻翼根部等血管内意外注射风险较高的部位。在注射时，应小心观察皮肤颜色的变化，以避免误入血管内注射的情况发生。

4 缓慢、低压、少量地进行注射

缓慢地进行注射是预防并发症发生的最重要措施，以低于 0.3 mL/min 的速度进行注射可以降低并发症的发生率。另外，透明质酸逆行进入眼动脉会导致患者失明等并发症，因此应尽量以低压进行注射，避免在感觉到比通常阻力更大的部位进行注射。

5 使用渗透法时，注射量控制在 0.1 mL 以下

对一个部位进行大量注射会增加血管栓塞和血管受压的风险。因此，渗透法的注射量应控制在 0.1 mL 以下。在眉间部位，从滑车上动脉到肌圆锥的血管容量平均只有 0.085 mL（最少 0.04 mL）。考虑到即使进行少量注射，如果造成血管内栓塞也会引起并发症，特别是在眉间和鼻部等高风险的部位，因此在注射过程中应该不断移动针头，同时要进行少量注射。

为了补充容量而注射时，如果想避免使用渗透法，就需要对多个部位进行穿刺，这会增加刺入血管的风险。但是，从防止重大并发症（失明和皮肤坏死）的角度考虑，最好避免采用固定针尖的渗透法进行大量注射。

参考文献

[1] Loh KT, Chua JJ, Lee HM, et al. Prevention and management of vision loss relationg to facial filler injections. Singapore Med J 57: 438-443, 2016.
[2] DeLorenzi C. New high dose pulsed hyaluronidase protocol for hyaluronic acid filler vascular adverse events. Aesthet Surg J 37: 814-825, 2017.
[3] Lazzeri D, Agostini T, Figus M, et al. Blindness following cosmetic injections of the face. Plast Rconstr Surg 129: 994-1012, 2012.
[4] Carruthers JD, Fagien S, Rohrich R, et al. Blindness caused by cosmetic filler injection: a review of cause and therapy. Plast Reconst Surg 134: 1197-1201, 2014.
[5] Urdiales-Gálvez F, Delgado NE, Figueiredo V, et al. Treatment of soft tissue filler complications: expert consensus recommendations. Aesthetic Plast Surg 42: 498-451, 2018.
[6] Rzany B, DeLorenzi C. Understanding, avoiding, and managing severe filler complicatios. Plast Reconstr Surg 136: 196S-203S, 2015.
[7] Van Loghem JA, Fouché JJ, Thuis J. Sensitivity of aspiration as a safety test before injection of soft tissue fillers. J Cosmet Dermatol 17: 39-46, 2018.
[8] De Boulle K, Heydenrych I. Patient factors influencing dermal filler complications: prevention, asessment, and treatment. Clin Cosmet Investig Dermatol 8: 205-214, 2015.
[9] Beleznay K, Humphrey S, Carruthers JD, et al. Vascular compromise from soft tissue augmentation: experience with 12 cases and recommendations for optimal outcomes. J Clin Aesthet Dermatol 7: 37-43, 2014.
[10] Tansatit T, Apinuntrum P, Phetudom T. A dark side of the cannula injections: how arterial wall perforations and emboli occur. Aesthetic Plast Surg 41: 221-227, 2017.
[11] van Loghem JAJ, Humzah D, Kerscher M. Cannula versus sharp needle for placement of soft tissue fillers: an observational cadaver study. Aesthet Surg J 38: 73-88, 2018.
[12] Beleznay K, Carruthers JD, Humphrey S, et al. Avoiding and treating blindness from fillers: a rview of the world literature. Dermatol Surg 41: 1097-1117, 2015.
[13] Filler Crash Kit, 2016. (www.isaps.org.)
[14] DeLorenzi C. Complications of injectable fillers, part II. Aesthet Surg J 34: 584-600, 2013.
[15] Glogau RG, Kane MA. Effect of injection techniques on the rate of local adverse events in patients implanted with nonanimal hyaluronic acid gel dermal fillers. Dermatol Surg 34: S105-S109, 2008.
[16] Khan TT, Colon-Acevedo B, Mettu P, et al. An anatomical analysis of the su- pratrochlear artery: considerations in facial filler injections and preventing vision loss. Aesthet Surg J 37: 203 208, 2017.

第 3 章

注射后的要点

1. 注射后的观察和注意事项

注射结束后，请患者留在诊所内（在福冈大学博多站诊所，手术后留观时间为 30 min），并观察其皮肤颜色是否有变化。

在向患者说明了回家后的注意事项后，应提供一个联系方式，以备不时之需（图 3.1.1）。

写给已接受透明质酸注射治疗的患者

- 可以洗脸和化妆。
- 请不要用力按压注射的部位。
- 治疗后 24 h 内，避免剧烈运动和饮酒。
- **注射部位或其周围出现以下变化，请联系我们：**

➡肿胀。

➡剧烈疼痛。

➡皮肤变化（皮肤变白，出现红色或紫色的斑点。皮肤变成深红色、灰色或黑色，出现小结节）。

【联系方式】

◆诊所治疗时间（10:00～18:00）

→博多站诊所 TEL：XXX

◆诊所非治疗时间（平日 18:00 以后、节假日）

→福冈大学医院 TEL：XXX

※ 请告诉电话接线员，你是在博多站诊所接受治疗的患者，请呼叫整形科值班医生。

※ 由整形科值班医生联系经治医生进行处理。

图 3.1.1 透明质酸手术后发放的指南（福冈大学博多站诊所）

2. 必须了解的透明质酸酶的相关知识

要点

- 透明质酸酶是注射透明质酸填充剂导致并发症时最有效的治疗药物。
- 由于透明质酸酶具有高渗透性和扩散性，即使不直接注射到血管内，也能有效防止血管内栓塞。
- 由于透明质酸酶在组织内活性低、失活速度快，需要注射“足够的剂量”才能达到有效的分解效果。
- 对透明质酸酶过敏的案例报道较多，因此只有在必要时才给予注射。
- 由于存在二次栓塞的可能性，因此在使用透明质酸酶后应密切监测患者病情变化情况。

前言

注射透明质酸填充剂有可能引起多种并发症。较轻的并发症有感染、过敏反应（即时性或延迟性）、过度注射或错误注射导致的变形和凹凸不平等，严重的并发症有血管内栓塞导致的皮肤坏死、失明和脑栓塞等。针对这些并发症，需要采用不同的对症和辅助治疗方法，如使用抗生素和血管扩张剂等。在消除病因方面，透明质酸酶的使用对所有并发症都是有效的。特别是针对急性血管内栓塞，透明质酸酶是首选药物，也是最有效的治疗药物。同时需要注意，透明质酸酶并不是完全安全的药物，不能随意使用。

在进行透明质酸填充剂注射时，必须了解并准备透明质酸酶。请仔细阅读以下内容，以便在出现紧急并发症时做好应对措施※。

※本稿的内容是在原发表文章的基础上增加和修改而成的，有很多重复之处，转载已获授权。

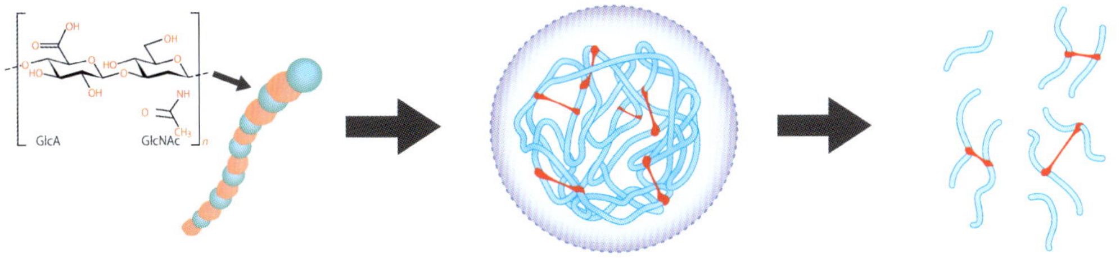

a. 透明质酸是由 2 个分子交替形成的连续的线性链状结构

b. 透明质酸制剂通过将直链聚集形成交联结构，从而形成颗粒状

c. 注射透明质酸酶后，会对分子间进行水解作用，但不会影响交联结构

图 3.2.1　**透明质酸填充剂的结构**

1　什么是透明质酸酶?

透明质酸酶的结构

透明质酸酶是一种能够分解透明质酸的酶。透明质酸是一种由 N- 乙酰 -D- 葡萄糖胺（GlcNAc）和 D- 葡萄糖醛酸（GlcA）的两个糖单元交替进行糖苷键重复连接而成的高分子直链黏多糖。用于整形美容领域的透明质酸填充剂是通过将线性链组成圆形结构，并在各处形成交联键。因此，这种结构很难被生物来源的透明质酸酶所分解（图 3.2.1）。

各制造商利用不同长度的透明质酸线性链或设计不同的交联结构来研发各种透明质酸填充剂，以获得不同的特性，如黏度和凝聚力。目前市场上有多种不同的透明质酸制剂可供选择。

透明质酸酶能够水解透明质酸线性链上的糖苷键。由于它不作用于交联结构，因此其降解速度可能会因制剂之间的交联度差别而有所不同。一般来说，对于具有复杂交联结构的透明质酸制剂，透明质酸酶降解能力会有所降低。

美国现状

透明质酸酶是一种填充物降解剂，最近在整形美容科和皮肤科得到了广泛应用。2004 年，Soparkar 等首次报道了透明质酸填充剂的增容矫正作用，用于去除皱纹，其用途已在皮肤科和整形美容科得到广泛认可。透明质酸酶本来是通过分解生物体内的细胞外基质而作为扩散剂被广泛应用。美国 FDA 已批准透明质酸酶在以下 3 个方面的使用：①皮下注射法的辅助；②毒性物质血管外漏出的治疗；③辅助皮下尿路造影。此外，透明质酸酶还作为 off-label use（批准适应证外使用）被用于与局部麻醉药混注以及增强抗癌剂在病灶内给药的效果等。

近年来，含有透明质酸酶的皮下免疫抗体也得到了开发。经 FDA 批准，也可用于皮下注射物的辅助吸收。

代表性产品

具有代表性的透明质酸酶产品有：源自绵羊精巢的 Vitrase®，源自牛精巢的 Amphadase® 和 Hydase®，以及具有人类基因重组的 Hylenex®。绵羊的透明质酸酶具有很强的降解能力，但据报道，使用 300 U 或更多剂量后可能会出现过敏反应。Hyalase® 的原料是“非特异性的（not specified)”，包装页上没有提及具体原料，很有可能是从绵羊身上提取的。具有人类基因重组的 Hylenex® 引起过敏反应的可能性较小，但由于它含有人白蛋白，所以价格是最昂贵的。

在美国的皮肤科领域，Vitrase® 和 Hylenex® 这两种透明质酸酶应用最多。透明质酸酶是未经批准的制剂，购买时必须由医生个人进口（表 3.2.1)。

表 3.2.1　目前临床上应用的具有代表性的透明质酸酶产品

	原料来源	制剂单位	保存温度	防腐剂	制造、销售公司
Hylenex®	人体	150 U/mL	2～8℃	无	Halozyme 制药公司（美国，FDA 批准）
Vitrase®	羊	200 U/mL	2～8℃	无	博士伦 /Valeant 制药公司（美国，FDA 批准）
Hydase®	牛	150 U/mL	2～8℃	无	Prima Pharm 有限公司（美国，FDA 批准）
Amphadase®	牛	150 U/mL	2～8℃	硫柳汞	安帕司他制药公司（美国，FDA 批准）
Hyalase®	羊	1, 500 U（粉末）	25℃以下室温	无	沃克哈特制药公司（英国）
Ldrase®	羊	1500 U（粉末）	25℃以下室温	无	瀚晖制药有限公司（韩国）
Liporase®	羊	1500 U（粉末）	25℃以下室温	无	大韩纽一帕姆（韩国）

2 关于剂量

3个“D”

透明质酸酶制剂在体内极其不稳定，在皮下组织中的活性只能维持24~48 h。半衰期非常短，在血液中的活性仅能维持32 min。

一般认为，注射透明质酸酶后，生物体内会发生3个“D”：①稀释（Dilution）：由于血清成分向血管外渗漏，导致透明质酸酶被稀释；②灭活（Deactivation）：被透明质酸酶抗体所灭活；③扩散（Diffusion）：透明质酸酶自身分解细胞外基质并扩散。这个过程就像在一个有孔的容器里装水，所以必须“淹没”这个容器，特别是针对深部血管的栓塞。

不要犹豫，应使用“足够的剂量”

有人担心，如果过量使用透明质酸酶，是否也会降解体内原有的透明质酸？虽然它确实会作用于生物源性物质，但是透明质酸具有很强的再合成能力，通常在几天内就会重新合成。透明质酸在真皮层的半衰期本来就很短（24 h），而且它是一直大量产生和不断代谢的。

有研究表明，240万U的透明质酸酶结合化疗药物治疗透明质酸肿瘤，并没有对健康组织造成损害。虽然需要注意过敏反应，但在预计有严重并发症的情况下，不需要特别规定剂量，应该毫不犹豫地使用“足够的剂量”。

3 多种实际操作和应对方法

关于过敏的病例报道

透明质酸酶是一种可能引起过敏的药物，已有许多关于过敏的病例报道。虽然也有报道认为，过敏反应与剂量有关，但是源自山羊的透明质酸酶产生过敏反应的剂量为1500～200 000 U，跨度很大，因此剂量低并不代表绝对安全。另外，对蜂毒过敏的病例，由于存在交叉反应的风险，最好不要使用透明质酸酶。透明质酸酶单独引起的过敏反应较为少见，多数情况下仅表现为局部过敏反应。

目前还没有关于透明质酸填充剂应用后使用透明质酸酶引起过敏性反应的报道。在眼科领域，一位67岁的妇女在白内障手术中使用透明质酸酶与局部麻醉剂混合，手术过程中出现眼睑水肿以及高血脂、恶心、异常出汗和尿失禁等症状。但是，这种反应可能与高浓度注射（15 000 U/2 mL）以及眼内透明质酸酶活性高有关，其与皮下注射不同，持续时间可达60～112 h。

另有病例报道，5例中枢神经系统肿瘤的儿童患者采用化疗结合高浓度透明质酸酶治疗，累计使用量为70万～300万U，其中2例在硬膜外麻醉后出现全身性荨麻疹和恶心。同时，并没有出现循环性休克或喉头水肿导致呼吸困难等症状的严重病例。

应对过敏反应

在使用透明质酸酶时，要始终注意可能发生过敏反应，并做好准备工作。使用不含硫柳汞防腐剂的制剂可以降低过敏反应的风险。另一种更安全的选择是使用源自人体的Hylenex®，但是存在价格较高的问题。对源自牛胶原蛋白产品过敏的患者，应避免使用源自牛的透明质酸酶。当使用源自牛或羊的透明质酸酶时，建议进行皮试，皮内注射3 U/0.02 mL，并在5 min后观察局部反应。

对肉芽肿反应的处理

在注射透明质酸 1 周后有可能发生肉芽肿反应。这是由于 IgG 或 IgE 对透明质酸中含有的蛋白质和生成过程中混入的物质产生反应而造成的。

在通常情况下，首选的治疗方法是使用抗生素或类固醇，但效果有限。使用含有肾上腺素的 1%利多卡因将 15 ~ 75 U 透明质酸酶稀释后，注射到病灶内，效果较好。

为应对过敏性休克做好准备

在可能出现过敏性休克的情况下，需要做好应对准备。关于对过敏性休克的详细急救处理方法，将在本书中以后的章节中详细介绍。在急救过程中，需要评估一段时间内的生命体征，保持呼吸道通畅，确保用于给药的外周循环的细胞外液量达到 20 G 以上。肾上腺素制剂（如 Bosmin、Epipen 等）的剂量为 0.3 ~ 0.5 mg，可以注射到外侧阔肌和三角肌等肌肉量比较大、血流丰富的部位，以便进行早期应对。

有时可能会出现双相性、迟发性休克。虽然大多数并发症在 8 h 内发生，但是应该监测患者 72 h。即使最初的症状已经减轻，也不能让患者回家，应将患者送往具备住院条件的医院就诊。

4 临床实际应用

血管内栓塞、凹凸不平、矫正过度

在制定治疗标准时，很难建立量化标准，如“每注射 1 mL 透明质酸应使用多少单位的透明质酸酶”。这是因为，发挥特定疗效的透明质酸材料有不同的交联结构，而且对透明质酸酶的反应时间也不一致。

例如，据报道，与 Restylane®（Galderma，日本）相比，Juvederm 24 HV®（Allergan，美国）只能达到 50%的分解效果。针对血管内栓塞需要几小时才能分解到足以再通毛细血管床的程度，因此考虑到防止组织坏死和发挥扩散效应的需要，注射大量透明质酸酶非常重要。可以将透明质酸酶混入局部麻醉剂中，但在血管栓塞抢救过程中不应使用添加肾上腺素的麻醉剂。以下为实际应用方法举例（表 3.2.2）。

表 3.2.2 透明质酸酶的应用实例

纠正矫正过度
- 150～200 U/mL，每个部位的使用剂量为 0.05～0.1 mL
- 轻轻按摩，每隔 10 min 追加一次给药，并观察治疗效果

血管内栓塞的处理
- 按 1500 U/10 mL 配制，每 30～60 min 给药一次，直到病情好转
  - ・如果出现缺血等皮肤症状，则将药物注射到皮下浅层以进行广泛渗透
  - ・如果患者只感到疼痛，疑似是中枢性栓塞，则进行大剂量的深层注射
  - ・如果怀疑有继发末梢栓塞，需要仔细观察血流供应区域的变化情况

如果怀疑是失明或脑梗死，则需要尽早转运到更高级别的医院进行急救
- 可以进行选择性动脉造影，在栓塞部位的近端注射高浓度透明质酸酶
- 如果条件允许，应采用球后注射和末梢静脉注射相结合的方式给药

(引自：野本俊一ほか：ヒアルロニダーゼの使用方法に関する考察．日美外報40：51-61，2018.)

出现皮肤凹凸不平或矫正过度时，可以使用 Hylenex®（150 U/mL）或 Vitrase®（200 U/mL）。这些药物不需要配制，可以直接使用。如果使用 Hyalase®（1500 U），用 10 mL 生理盐水将其稀释后使用。实际所需剂量取决于并发症的类型。在纠正矫正过度时，可以使用小剂量的 Hylenex® 和 Vitrase®；而对于分解血管内栓塞，则需要使用大剂量的 Hyalase® 和 Liporase®。以上述原则准备两种透明质酸酶会提高使用的方便性。

继发性末梢栓塞

考虑到继发性末梢栓塞（后述）的可能性，需要根据发病时期和症状确定给药方法。如果是发病早期的中枢性栓塞，应该在栓塞血管周围的特定位置进行大剂量注射。必要时每隔 30～60 min 重复注射一次。即使病情有所改善，也至少要观察 1 h。如果出现皮肤水疱等症状，应在末梢动脉周围进行浅层广泛、细致地分散给药。强力按摩可能会使中枢性栓塞血块发生物理性破碎，从而初步改善病情，但重要的是预测并处理继发的外周性栓塞。

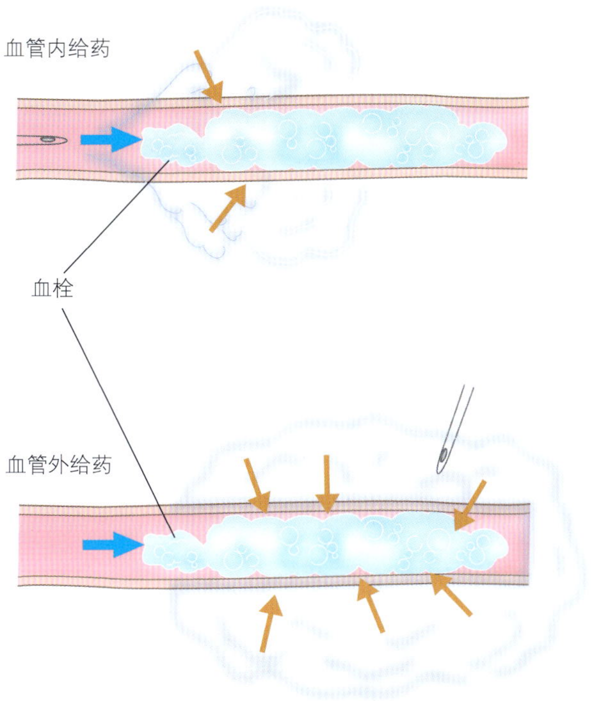

图 3.2.2　透明质酸酶的给药途径（血管内给药与血管外给药）

眼部及大脑的动脉栓塞

如果怀疑患者出现眼部或大脑动脉栓塞的症状，应该立即将患者转运到更高级别的急救机构。如果存在视网膜中央动脉闭塞的紧急情况，可以在球后注射透明质酸酶，并等待救护车的到来，不一定要在此时将透明质酸酶注射到栓塞的血管中。在这种情况下，透明质酸酶通过强大的扩散和渗透作用可以渗透到栓塞部位周围的血管中。对于较大的血栓团块，也可以考虑从接触面积较大的周边给药。在使用血管内导管进行治疗时，可以在栓塞物的附近给药。但由于血管内存在高浓度的抗体以及继发血栓的形成，可能无法充分接触到栓塞物。由于不能确定哪种方法更为有效，所以可以同时使用这两种方法（图 3.2.2）。

此外，在处理紧急情况时，最好能与血管介入科医生进行密切合作，以便他们能够立即到达现场。随着微导管的广泛应用，现在可以对直径小于 1 mm 的血管进行选择性动脉造影，并且能够接近视网膜中央动脉。血管介入科医生在栓塞部位的近端可以应用高浓度的溶栓剂。有些医生推荐使用尿激酶进行二次溶栓，但也有报道称这种方法在临床上无效。不推荐通过外周静脉给予全身尿激酶治疗，因为尽管这种方法有一定效果，但继发出血性疾病的风险较高。如果条件允许，应该使用导管在栓塞血管的近端部位给药。使用微导丝对栓塞物进行物理性破坏也可能是有效的治疗方法。

再次注射透明质酸的时间

在使用透明质酸酶后，建议患者等待几天后再进行透明质酸注射。再次注射后肿胀时间可能会较长。建议患者在大约 1 周后再次就诊，以确定治疗方案，争取获得最佳的效果。

5 继发性末梢栓塞的处理

深部血管栓塞发生后，即使使用透明质酸酶，由于以下原因，也有可能出现迟发性栓塞或二次栓塞。因此，在给药数小时后一定要观察血管供血区域的状况，并嘱咐患者在第 2 天复诊：

①有医生建议在注射透明质酸酶后进行按摩，但由于按摩可能会使透明质酸的碎片进一步阻塞至末梢血管，因此在怀疑有皮下血管内栓塞时，最好不要按摩。但是，在纠正皮肤表面凹凸不平时，由于不涉及血管内栓塞，因此推荐进行按摩。

②当主干闭塞部位未被透明质酸酶充分降解时，较小的碎片可能会进一步阻塞末梢血管，导致二次栓塞。在怀疑中枢血管栓塞时，有必要预测哪个末梢血管将受到影响，并采取相应的措施。

③即使血管内透明质酸栓塞物被分解并重新疏通，仍可能继发血栓形成，进而扩散到外周血管。在实验鼠腹壁下动脉透明质酸栓塞模型中，血栓形成发生在闭塞后的 15 min。因此，即使透明质酸栓塞的时间很短，也要考虑微血栓形成的可能性。

总结

注射透明质酸填充剂是一种方便且有效的治疗方法，但如果方法不当，可能出现矫正过度或引发严重的血管栓塞等并发症。在这种情况下，注射透明质酸酶这一透明质酸分解剂是最有效的处理方法。

即使透明质酸酶累计使用量达到数千至数万单位，为了改善症状，也应毫不犹豫地使用，以解决血管栓塞引发的严重并发症。同时，即使使用量较少，也必须时刻注意发生过敏性休克的可能性。

需要注意，透明质酸酶不是绝对安全的制剂。在注射透明质酸填充剂时，应经常进行“利益与风险评估”，决不能以“如果出现问题，使用透明质酸酶解决即可”这种轻率的态度进行透明质酸填充剂的注射。

参考文献

[1] 野本俊一，小川令. ヒアルロニダーゼの使用方法に関する考察. 日美外報 40：51-61，2018.

[2] Girish KS, Kemparaju K. The magic glue hyaluronan and its eraser hyaluronidase: a biological overview. Life Sci 80: 1921-1943, 2007.

[3] Casabona G, Marchese PB, Montes JR, et al. Durability, Behavior, and Tolerability of 5 Hyaluronidase Products. Dermatol Surg 2018 Jun 8. doi: 10.1097/DSS.0000000000001562. [Epub ahead of print]

[4] Soparkar CNS, Patrinely JR, Tschen J: Erasing Restylane. Ophthal Plast Reconstr Surg 20: 317-318, 2004.

[5] Houck JC, Chang CM. Permeability factor contaminating hyaluronidase preparations. Inflammation 3: 447-451, 1979.

[6] Disa JJ, Chang RR, Mucci SJ, et al. Prevention of adriamycin-induced full-thickness skin loss using hyaluronidase infiltration. Plast Reconstr Surg 101: 370-374, 1998.

[7] Bailey SH, Fagien S, Rohrich RJ. Changing role of hyaluronidase in plastic surgery. Plast Reconstr Surg 133: 127e-132e, 2014.

[8] Kallio H, Paloheimo M, Maunuksela EL. Hyaluronidase as an adjuvant in bupivacaine-lidocaine mixture for retrobulbar/peribulbar block. Anesth Analg 91: 934-937, 2000.

[9] Lewis-Smith PA. Adjunctive use of hyaluronidase in local anaesthesia. Br J Plast Surg 39: 554-558, 1986.

[10] Nevarre DR, Tzarnas CD. The effects of hyaluronidase on the efficacy and on the pain of administration of 1% lidocaine. Plast Reconstr Surg 101: 365-369, 1998.

[11] Smith KJ, Skelton HG, Turiansky G, et al. Hyaluronidase enhances the therapeutic effect of vinblastine in intralesional treatment of Kaposi's sarcoma. Military Medical Consortium for the Advancement of Retroviral Research (MMCARR). J Am Acad Dermatol 36: 239-242, 1997.

[12] http://www.hyqvia.com/

[13] ISTA Pharmaceuticals. Vitrase (hyaluronidase) package insert. Irvine, Calif.: ISTA Pharmaceuticals, Inc.; 2007.

[14] Amphastar Pharmaceuticals. Amphadase (hyaluronidase) package insert. Rancho Cucamonga, Calif: Amphastar Pharmaceuticals, Inc.; 2005.

[15] PrimaPharm. Hydase (hyaluronidase) package insert. San Diego, Calif: PrimaPharm; 2005.

[16] Baxter Healthcare. Hylenex(hyaluronidase)package insert. San Diego, Calif: Baxter Healthcare Corp; 2006.

[17] Landau M. Hyaluronidase caveats in treating filler complications. Dermatol Surg 41: S347-S353, 2015.
[18] King M. The use of hyaluronidase in aesthetic practice. Aesthetic Complications Expert Group: 1-9, 2016.
[19] Lee A, Grummer SE, Kriegel D, et al. Hyaluronidase. Dermatol Surg 36: 1071-1077, 2010.
[20] Keller EC, Kaminer MS, Dover JS. Use of hyaluronidase in patients with bee allergy. Dermatol Surg 40: 1145-1147, 2014.
[21] Brody HJ. Use of hyaluronidase in the treatment of granulomatous hyaluronic acid reactions or unwanted hyaluronic acid misplacement. Dermatol Surg 31: 893-897, 2005.
[22] Wasserman RL. Overview of recombinant human hyaluronidase-facilitated subcutaneous infusion of IgG in primary immunodeficiencies. Immunotherapy 6: 553-567, 2014.
[23] Thompson CB, Shepard HM, O'Connor PM, et al. Enzymatic depletion of tumor hyaluronan induces antitumor responses in preclinical animal models. Mol Cancer Ther 9: 3052-3064, 2010.
[24] Wolf RA, Chaung L, O'Hara D, et al. The serum kinetics of bovine testicular hyaluronidase in dogs, rats and humans. J Pharmacol Exp Ther 222: 331-337, 1982.
[25] DeLorenzi C. New high dose pulsed hyaluronidase protocol for hyaluronic acid filler vascular adverse events. Aesthet Surg J 37: 814-825, 2017.
[26] Bray D, Hopkins C, Roberts DN. A review of dermal fillers in facial plastic surgery. Curr Opin Otolaryngol Head Neck Surg 18: 295-302, 2010.
[27] Szēpfalusi Z, Nentwich I, Dobner M, et al. IgE-mediated allergic reaction to hyaluronidase in paediatric oncological patients. Eur J Pediatr 156: 199-203, 1997.
[28] Kim JH, Choi GS, Ye YM, et al. Acute urticaria caused by the injection of goat-derived hyaluronidase. Allergy Asthma Immunol Res 1: 48-50, 2009.
[29] Kirby B, Butt A, Morrison A, et al. Type I allergic reaction to hyaluronidase during ophthalmic surgery. Contact Dermatitis 44: 44-45, 2001.
[30] Markovic-Housley Z, Miglierini G, Soldatova L, et al. Crystal structure of hyaluronidase, a major allergen of bee venom. Structure 8: 1025-1035, 2000.
[31] Vartanian AJ, Frankel AS, Rubin MG. Injected hyaluronidase reduces restylane-mediated cutaneous augmentation. Arch Facial Plast Surg 7: 231-237, 2005.
[32] Kuppermann BD, Thomas EL, de Smet MD, et al. Pooled efficacy results from two multinational randomized controlled clinical trials of a single intravitreous injection of highly purified ovine hyaluronidase (Vitrase) for the management of vitreous hemorrhage. Am J Ophthalmol 140: 573-584, 2005.
[33] Klein AW. Granulomatous foreign body reaction against hyaluronic acid. Dermatol Surg 30: 1070, 2004.
[34] Lee HK, Choi EJ, Lee PB, et al. Anaphylactic shock caused by the epidurally-administered hyalurinidase. Korean J Pain 24: 221-225, 2011.
[35] Sall I, Fērard G. Comparison of the sensitivity of 11 crosslinked hyaluronic acid gels to bovine testis hyaluronidase. Polymer Degradation and Stability 92: 915-919, 2007.
[36] Parareda A, Catala J, Carcaboso AM, et al. Intra-arterial chemotherapy for retinoblastoma. Challenges of a prospective study. Acta Ophthalmol 92: 209-215, 2014.
[37] Peden MC, Min J, Meyers C, et al. Ab-externo AAV-mediated gene delivery to the suprachoroidal space using a 250 micron flexible microcatheter. PloS One 6: e17140, 2011.
[38] Richard G, Lerche RC, Knospe V, et al. Treatment of retinal arterial occlusion with local fibrinolysis using recombinant tissue plasminogen activator. Ophthalmology 106: 768-773, 1999.
[39] Schmidt D, Schumacher M, Wakhloo A. Microcatheter urokinase infusion in central retinal artery occlusion. Am J Ophthalmol 113: 429-434, 1992.
[40] Filler Crash kit, 2016. (www.isaps.org.)
[41] Kim YK, Jung C, Woo SJ, et al. Cerebral angiographic findings of cosmetic facial filler-related ophthalmic and retinal artery occlusion. J Korean Med Sci 30: 1847-1855, 2015.
[42] Oh BL, Jung C, Park KH, et al. Therapeutic intra-arterial hyaluronidase infusion for ophthalmic artery occlusion following cosmetic facial filler (hyaluronic acid) injection. Neuroophthalmology 38: 39-43, 2014.
[43] Sun ZS, Zhu GZ, Wang HB, et al. Clinical outcomes of impending nasal skin necrosis related to nose and nasolabial fold augmentation with hyaluronic acid fillers. Plast Reconstr Surg 136: 434e-441e, 2015.
[44] Cohen JL, Biesman BS, Dayan SH, et al. Treatment of hyaluronic acid filler-induced impending necrosis with hyaluronidase: consensus recommendations. Aesthet Surg J 35: 844-849, 2015.
[45] Chiang C, Zhou S, Liu K. Intravenous hyaluronidase with urokinase as treatment for arterial hyaluronic acid embolism. Plast Reconstr Surg 137: 114-121, 2016.

3. 并发症及应对措施

要点

- ◆早期并发症大多症状轻微，大部分患者治愈后无后遗症。
- ◆为了减少并发症的发生，注射医师在注射前必须进行细致的清洁操作，采用适当的注射技术是非常重要的。
- ◆尽管迟发性并发症较为少见，但病情诊断和治疗较为困难，有时还需要进行外科干预。
- ◆在注射前应仔细询问患者的既往病史，避免对感染和过敏风险较高的患者进行注射治疗。

1 轻～中度并发症

这里将并发症分为早期并发症（注射后至4周以内）和迟发性并发症（注射后4周至数年）来进行介绍（表3.3.1）。

1 早期并发症

红斑

患者在注射后，可能会出现红斑。这是由于药物或针刺引起的生物防御反应，通常在2～3天内会有所改善，因此只需要观察即可。在注射后的5～10 min内进行局部冷敷，可以加快恢复速度。如果红斑持续1周以上，并伴有发热等症状，就需要怀疑是否发生感染或过敏，并根据原因采取相应的措施[※1]。

※1：参照后面介绍的"感染""过敏"的相关内容。

此外，注射可能会导致组织膨胀或微小的组织损伤，继而可能导致血管新生。数周后，可能会出现由毛细血管扩张引起的红斑。如果红斑持续存在，可以考虑使用（IPL）治疗或色素激光治疗来进行有效缓解。这些治疗方法适用于红斑持续存在的情况。

表 3.3.1　轻～中度并发症的症状、原因、治疗

●早期并发症（注射后至 4 周以内）

症状		原因	治疗
红斑		对药物和注射刺激的免疫反应	·密切观察 ·冷敷
水肿、肿胀		对注射刺激的免疫反应，透明质酸的吸水作用	·密切观察 ·冷敷
		速发型过敏反应	·抗组胺制剂口服 / 静滴 ·类固醇药物口服 / 静滴 ·类固醇药物外用
瘀斑		毛细血管破裂	·密切观察 ·应用含肝素类似物的外用药，含有维生素 K 的外用药 ·应用色素激光、IPL
丁达尔现象		在皮肤表层内注射透明质酸	·密切观察 ·注射透明质酸酶
不自然的凹凸不平的外观（硬结）		透明质酸注射过量	·按摩 ·注射透明质酸酶
发红、发热、疼痛	波动（+）	感染（脓肿形成）	引流，切开排脓 ·细菌培养 ·给予抗生素
	波动（-）	感染	·给予抗生素

●迟发性并发症（注射后 4 周至数年）

症状		原因	治疗
水肿、肿胀		迟发型过敏反应	·局部注射类固醇药物 ·口服类固醇药物（适用于大面积、难治性肿胀） ·注射透明质酸酶 ※ 在难以鉴别感染或过敏时，优先给予抗生素
		感染	给予抗生素
硬结	波动（+）	感染（脓肿形成）	·引流，切开排脓 ·细菌培养 ·给予抗生素
	波动（一）	感染（含生物膜）	·细菌培养，给予抗生素 ·局部注射 5-FU ·注射透明质酸酶 ·手术切除
		异物肉芽肿	·局部注射类固醇药物 ·口服类固醇药物（适用于大面积、难治性硬结） ·口服类固醇药物＋局部注射 5-FU ·注射透明质酸酶 ·手术切除
		迟发型过敏反应	·局部注射类固醇药物 ·口服类固醇药物（适用于大面积、难治性硬结） ·口服类固醇药物＋局部注射 5-FU ·注射透明质酸酶 ·手术切除

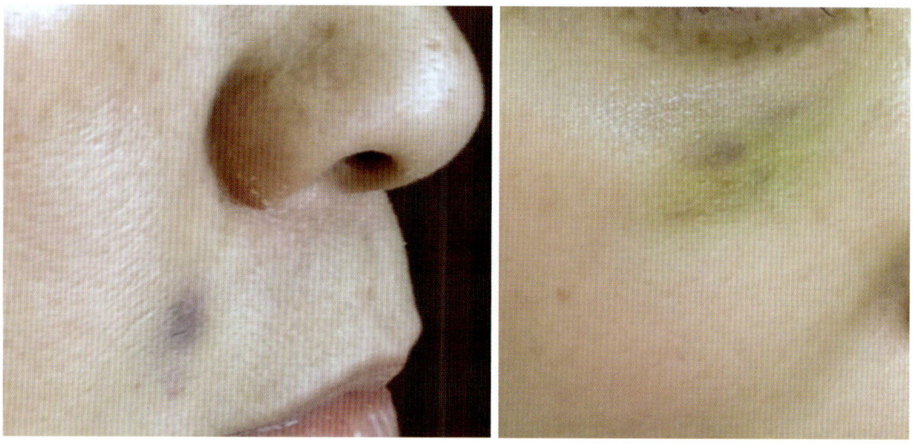

图 3.3.1 瘀斑出现后至吸收过程中的表现（整体为淡黄色，一部分为红褐色）

水肿、肿胀

注射透明质酸后，由于注射刺激和异物引起的生物反应，可能会在注射部位产生轻度水肿和肿胀。透明质酸的速发型过敏反应可能会导致血管性水肿，并伴有红斑。对于这种情况，可以采用外用或口服抗组胺药和（或）类固醇药物进行治疗※2。

※2：参照后面介绍的“过敏”的相关内容

此外，透明质酸具有吸水膨胀的特性，即使适量注射，也可能出现暂时性水肿或矫正过度的情况，这种情况在口唇和眼睑周围特别容易发生。建议在使用易膨胀的透明质酸制剂时，开始时少量注射，必要时观察 2 周以上后进行再次注射。

在向患者注射透明质酸前，应事先告知患者，注射后 2～3 天可能会出现暂时性肿胀。对于这种情况，可以进行局部冷敷，并密切观察病情变化。

瘀斑

注射后即刻至数日内，注射部位及周围可能出现瘀斑。瘀斑需要 2～3 周的时间会逐渐被吸收。随着时间的推移，颜色从暗紫色（瘀斑）到红褐色，再到淡黄色，然后恢复到正常颜色（图 3.3.1）。

如果瘀斑程度较为严重，可以外用含肝素类似物或维生素 K 的外用制剂，以促进瘀斑的早期吸收。色素激光治疗和针对血红蛋白吸收波长的光治疗也可以通过使血管外漏出的红细胞中的血红蛋白变性、溶解，促进瘀斑早期吸收。这些治疗方法对于暗紫色和红褐色的瘀斑也有效。

对于正在服用抗血小板剂和抗凝血剂的患者，由于形成皮下出血或皮下血肿的风险较高，不建议使用注射治疗。

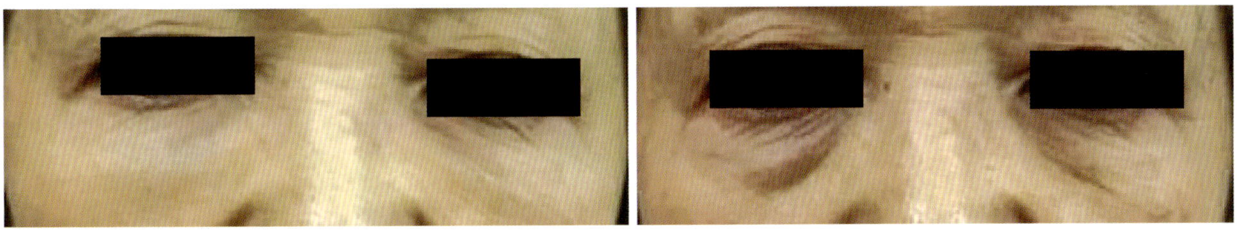

a. 手术前
在右侧泪沟处观察到丁达尔现象（蓝色隆起），左侧症状较轻。向双侧泪沟皮下层注射透明质酸酶 0.3 mL（45 U）。

b. 注射透明质酸酶 1 周后
丁达尔现象有所改善，但患者面部外观明显变老。

图 3.3.2　注射透明质酸酶后丁达尔现象的变化

丁达尔现象，不自然的凹凸不平的外观

达尔效现象指透明质酸的微小粒子使光线散射而皮肤呈现蓝色至白色的现象。当透明质酸被注射到皮肤浅层时，会出现这种现象。

在眼眶周围，皮肤较薄，尤其是泪沟，由于皮下浅层缺少脂肪，因此容易产生丁达尔现象。另外，在眼眶部，如果将透明质酸注射到浅层，在做面部表情时，透明质酸会随着眼轮匝肌的隆起而隆起，因此会产生不自然的凹凸不平的外观。为了避免这种情况，最好在眼轮匝肌下或骨膜上注射少量的透明质酸，在眼轮匝肌上注射极少量的透明质酸。

如果产生丁达尔现象或不自然的凹凸不平的外观，在局部按摩或经过观察后没有得到改善，应该考虑使用透明质酸酶进行溶解（图 3.3.2）[※3]。

※3：透明质酸酶用法：准备 150～200 U/mL 的透明质酸酶，每个部位注射 0.05～0.1 mL（10～20 U），然后轻轻按摩，每 10 min 观察一次过程，酌情加量。

由于透明质酸的交联方式、密度和黏弹性等性质不同，因此对透明质酸酶的反应也不一样。所以，使用透明质酸酶在开始时应少量给药，后续根据需要追加用量[※4]。

※4：参照本书 74～75 页“失明发生后透明质酸酶（Hylenex®）的准备和配制”。

这些并发症大多是由于不熟练的操作所引起的，因此注射医生必须了解局部解剖学，并提高注射技术。

感染

有些感染发生在注射后早期，而另一些感染则在注射 4 周以后发生。大多数患者的感染是由金黄色葡萄球菌和化脓性链球菌引起的。也有报道称，一些迟发性病例的感染是由霉菌、大肠杆菌、真菌、耐甲氧西林金黄色葡萄球菌（MRSA）、结核分枝杆菌或病毒等所引起的。

在注射部位或周围发现发红、肿胀，患者感觉有发热、疼痛和压痛等症状时，可能存在感染，此时应给予抗生素治疗（表 3.3.2）。在使用抗生素之前，应进行细菌培养检查，首选口服广谱抗生素。

表 3.2.2　针对感染给予抗生素的示例

①阿莫西林＋克拉维酸（配合奥格门汀 250 mg，3 片 / 次，3 次 / 天）
②头孢克洛（头孢拉定胶囊 250 mg，3 粒 / 次，3 次 / 天）
③左氧氟沙星（左氧氟沙星 500 mg，1 片 / 次）※ 青霉素过敏时使用
④克拉霉素＋左氧氟沙星（克拉霉素 200 mg，2 片 / 次，2 次 / 天＋左氧氟沙星 500 mg，1 片 / 次，1 次 / 天）

在抗生素治疗中，建议联合使用大环内酯类和喹诺酮类药物。应避免长期使用广谱抗生素，并根据细菌培养结果适当调整药物种类。使用透明质酸酶可以减少透明质酸的数量（感染源）。如果形成脓肿，应进行引流或手术切开引流。

对于可能因注射透明质酸而被激活的疱疹病毒，特别是在口周和鼻黏膜周围等易发部位，需特别注意。对于有疱疹病史的患者，建议预防性使用抗疱疹病毒药物（伐昔洛韦，500 mg，每日 2 次，疗程 3 ~ 5 天）。

过敏

由于透明质酸不是蛋白质，因此透明质酸注射剂不需要进行皮试。然而，透明质酸注射剂中可能含有微量蛋白质、交联剂和附加的局部麻醉药，这些物质有时会引起过敏反应。据报道，过敏反应的发生率为 0.02% ~ 0.8%。1999 年透明质酸注射剂的生产过程发生变化，所含的蛋白质量减少，因此 2000 年以后过敏反应的发生率进一步降低。

透明质酸注射剂引起的过敏反应有 Ⅰ 型速发型过敏反应和Ⅳ型迟发型过敏反应。

速发型过敏反应是指由于 IgE 的免疫反应产生血管性水肿和过敏症状。透明质酸注射剂引起的速发型过敏反应通常表现为在注射后数分钟至数小时内出现局部水肿或肿胀。治疗方法有，使用含有类固醇和他克莫司的外用软膏，以及口服抗组胺药物和含有类固醇的药物（表 3.3.3）。

就作者所了解的情况来看，目前还没有关于透明质酸注射剂引起过敏性休克的报道。为了供大家参考，下面介绍一下过敏性休克的应对处理方法（表 3.3.4）。

表 3.3.3　**速发型过敏反应的治疗示例（局部反应）**

■医院内处置示例

①使用生理盐水或林格氏液确保静脉通路畅通

②抗组胺药物静脉注射：静脉注射苯海拉明 1A（5 mg）

③类固醇药物静脉注射：静脉注射氢化可的松 100～500 mg 或甲泼尼龙 125 mg

■处方示例

①第二代抗组胺药（Allegra®、Allezion®、Allelock®、Tarion® 等）口服

②静脉注射类固醇药物

・处方示例 1：倍他米松 -d- 氯苯那敏（赛庚啶片，每次 2 片，分 2 次服用）

・处方示例 2：泼尼松龙 10～40 mg/d

③外用类固醇药物

表 3.3.4　**过敏性休克（出现呼吸系统症状、消化系统症状、血压下降、循环系统症状等全身症状时）的应对处理方法**

①确认生命体征：评估患者的血液循环状况、呼吸、意识状态、皮肤和体重

②呼救：联系抢救小组（在医院内）或紧急服务机构

③肌肉注射肾上腺素（例如，在大腿中间的股前外侧肌肉内注射 0.3～0.5 mg）。

・0.01 mg/kg（最大量：成人 0.5 mg）

・立即进行，无须等待静脉通路的建立

・向大腿中央的股前外侧肌肉内进行注射

・必要时，5～15 min 后再次给药

・如果不是心脏骤停，就不要静注（因为可能产生心律失常、高血压等副作用）

④使患者仰卧，把脚抬高 30 cm 左右

体位变换有可能引起血压变化，因此不能使患者突然坐起或站起

⑤输氧

⑥确保静脉通路畅通

在 5～10 min 内，成人给予 5～10 mL/kg 生理盐水

⑦心肺复苏

⑧生命体征持续监测

（引自：日本アレルギ　学会：アナフィラキシ　ガイドライン．2014.有部分修改）

在发生速发型过敏反应后，存在再次发生过敏反应的风险，其中迟发反应通常在 72 h 内（也可能在 8 h 内）出现。如果出现呼吸系统和消化系统等全身症状，应立即将患者送往具备住院条件的医院，并进行观察。

迟发型过敏反应见下文。

2 迟发性并发症

感染

当在注射部位或周围出现红肿、疼痛、发热或触痛等症状时，应怀疑存在感染。大多数感染由金黄色链球菌或化脓性链球菌引起。也有报道称，一些迟发性感染是由霉菌、大肠埃希菌、真菌、MRSA、结核分枝杆菌或病毒引起的。

迟发性感染在注射部位可能表现为硬结、结节、肉芽组织形成，伴有难治性慢性炎症。其发生与生物膜的形成有关。生物膜是由细菌和它们分泌的胞外多糖聚集形成的结构。生物膜中存在大量细菌，因此对抗生素具有抗药性。

生物膜内的菌群往往包含假单胞菌、表皮葡萄球菌、痤疮杆菌和其他细菌，但由于培养检查呈阴性，往往难以确定致病微生物。

注射过程中的污染是生物膜感染的原因之一。为了预防感染，应该彻底消毒注射部位，并避免在发炎或污染的部位进行注射。

治疗

在抗生素给药前应进行细菌培养检查。首先应从口服广谱抗生素开始治疗。同时，建议联合使用大环内酯和奎诺酮类药物。为避免长期使用广谱抗生素，根据培养结果可以适当调整抗生素的选择（表 3.2.2）。如果形成了脓肿，需要进行引流或手术切开引流。

表 3.3.5　生物膜感染的治疗方案示例

①口服广谱抗生素
・处方示例 1：环丙沙星（环丙沙星片 200 mg，2 片 / 次，4 ~ 6 周）。
・处方示例 2：克拉霉素（克拉霉素片 200 mg，2 片 / 次，4 ~ 6 周）。
②将 15 ~ 75 U 的透明质酸酶注射到病灶内。
③用装有 18G 针的注射器对内容物进行穿刺抽吸
④ 5-FU ≤ 50mg/mL（0.5 mL）局部注射，每 4 周一次

（引自：Funt D, et al: Dermal fillers in anesthetics: an overview of adverse events and treatment approaches. Clin Cosmet Investig Dermatol 6: 295-316, 2013.有部分修改）

生物膜感染的特点是对抗生素具有抗药性。然而，从临床观察的结果来看，很难鉴别生物膜感染与未形成生物膜感染和异物肉芽肿。因此，在治疗初期时建议使用广谱抗生素药物（表 3.3.5）。此外，可以向病灶内注射透明质酸酶，以分解细菌产生的基质。这种方法对于减少生物膜的形成非常有效。

避免局部注射类固醇药物。对生物膜感染的诊断和治疗非常困难，如果在局部再注射具有影响免疫特性的类固醇药物，很有可能加重生物膜感染。局部注射 5- 氟尿嘧啶（5-FU）被认为是有效的治疗方法。如果患者症状没有好转，可以考虑切开脓腔进行清创处理。如果仍然无法缓解症状，则可能需要采取切除手术进行治疗。

迟发型过敏反应，异物肉芽肿

注射透明质酸后几个月或更长时间，注射部位可能会出现红斑、硬结和结节性变化。

据报道，硬结和结节的发病率为 0.02 ~ 0.5%。这些变化是由迟发型过敏反应和慢性炎症反应引起的，可以形成异物肉芽肿和被膜。根据临床表现很难鉴别这些变化，并且治疗也很困难。

注射透明质酸后的迟发型过敏反应是由与抗原特异反应的致敏 T 细胞引起的Ⅳ型过敏反应，注射后经过数周或数月会在注射部位出现红斑和结节性变化。有时可能在注射 1 年以后才发病。在发病的 1 ~ 2 周前，通常会出现全身症状，如感冒、胃肠炎等，并且患者可能有口腔内治疗、外伤等病史。这些被认为是迟发型过敏反应发病的诱因。

异物肉芽肿是对体内长期存在的异物产生的慢性炎症反应所形成的肿物。巨噬细胞和多核巨细胞会聚集在一起，激活成纤维细胞，形成纤维包膜。

由于皮肤具有很强的免疫功能，将透明质酸注射到真皮层内通常会导致这些结节的形成。因此，向皮下脂肪层以下注射透明质酸更为安全。

治疗

据报道，透明质酸的吸收和分解过程可能需要 2 ~ 4 个月才能完成。为消除患者的痛苦和焦虑情绪，仅留院观察是不够的。

根据临床观察结果常难以鉴别硬结和结节性病变，也难以判断是否存在生物膜感染。在不确定是否存在感染的情况下，可以先进行抗生素的全身给药，并酌情采用以下治疗方法：

如果口服抗组胺药无效，可以尝试局部注射类固醇药物。可以尝试注射曲安奈德 40 mg/mL 和 1%的昔洛卡因 1∶1 的混合物，从少量开始尝试注射。在局部注射类固醇药物时，需要注意皮肤萎缩的副作用，并且只在结节内注射，避免注射到皮肤浅层。如果单独使用类固醇药物无效，可以考虑使用类固醇药物（曲安奈德）联合 5-氟尿嘧啶（5-FU）的局部注射。这种治疗方法可以抑制成纤维细胞的活化和纤维化，并且减少类固醇药物的注射量，从而减少皮肤萎缩和毛细血管扩张的风险。

透明质酸酶可以有效溶解硬结。将 15 ~ 75 U 的透明质酸酶稀释在含有肾上腺素的 1%利多卡因溶液中，并注射到病变部位。硬结可能出现在多个部位。当病情较为严重或出现难治性病例时，可以考虑使用口服类固醇药物泼尼松龙 0.5 ~ 10 mg/（kg · d）（表 3.3.6）。

表 3.3.6　迟发型过敏反应和异物肉芽肿的治疗方案示例

①局部注射曲安奈德（Kenacolt-A 水剂）20 ~ 40 mg/mL ＋ 1%盐酸利多卡因（昔洛卡因）1∶1 混合物，每 3 ~ 4 周 1 次
②曲安奈德 10 mg/mL　0.5 mL ＋ 5-FU（50 mg/mL　0.5 mL，局部注射，每 4 周 1 次）
③将透明质酸酶 15 ~ 75 U 注射到病变部位
④泼尼松龙 0.5 ~ 1.0mg/（kg · d），待病情好转逐渐减量

表 3.3.7　迟发型过敏反应和异物肉芽肿的其他治疗方案示例

①米诺环素 200 mg/d，口服
②环孢素 5 mg/（kg · d），口服
③异烟肼 200 ~ 600 mg/d，口服
④他克莫司软膏，外用

此外，针对由注射异物引起的硬结和肉芽肿，有报道称口服米诺环素、环孢素、阿普利诺和异烟肼等药物也有一定效果（表 3.3.7）。如果进行了这些治疗后仍没有改善，可能需要采用外科手术进行切除。

包膜

当在一个部位注射过量的透明质酸后，可能会在很长一段时间内由于不被吸收而长期残留在人体内。注射的物质可以看成是一个球体，吸收率与其半径呈正比，半径越大，被吸收的时间就越长。

如果持续存在异物反应，几个月内会形成包膜，不再被吸收，变成结节性病变。

治疗

对包膜内的透明质酸进行穿刺抽吸或使用透明质酸酶来溶解透明质酸，可以有效减少结节性病变。对于难治性病例，可以采用手术切除包膜及其内容物进行治疗。

参考文献

[1] Funt D, Pavicic T. Dermal fillers in anesthetics: an overview of adverse events and treatment approaches. Clin Cosmet Investig Dermatol 6: 295-316, 2013.

[2] Lemperle G, Rullan PP, Gauthier-Hazan N. Avoiding and treating dermal filler complications. Plast Reconstr Surg 118: 92S-107S, 2006.

[3] Lemperle G, Duffy DM. Treatment options for dermal filler complications. Aesthet Surg J 26: 356-364, 2006.

[4] Urdiales-Galvez F, Delgado NE, Figueireda V, et al. Treatment of soft tissue filler complications: expert consensus recommendations. Aesthetic Plast Surg 42: 498-510, 2018.

[5] Cohen JL, Bhatia AC. The role of topical vitamin K oxide gel in the resolution of postprocedural purpura. J Drugs Dermatol 8: 1020-1024, 2009.

[6] Shah NS, Lazarus MC, Bugdodel R, et al. The effects of topical vitamin K on bruising after laser treatment. J Am Acad Dermatol 47: 241-244, 2002.

[7] DeLorenzi C. Complications of injectable fillers, part I. Aesthet Surg J 33: 561-575, 2013.

[8] 野本俊一，小川令．ヒアロニダーゼの使用方法に関する考察．日美外報 40：51-61, 2018.

[9] De Boulle K, Heydenrych I. Patient factors influencing dermal filler complications: prevention, assessment, and, treatment. Clin Cosmet Investig Dermatol 8: 205-214, 2015.

[10] Kim JH, Ahn DK, Jeong HS, et al. Treatment algorithm of complications after filler injection: based on wound healing process. J Korean Med Sci 29: S176-S182, 2014.

[11] Wagner RD, Fakhro A, Cox JA, et al. Etiology, prevention, and management of infectious complications of dermal fillers. Semin Plast Surg 30: 83-86, 2016.

[12] Andre P. Evaluation of the safety of a non-animal stabilized hyaluronic acid(NASHA-Q-Medical, Sweden) in European countries: a retrospective study from 1997 to 2001. J Eur Acad Dermatol Venereol 18: 422-425, 2004.
[13] Friedman PM, Mafong EA, Kauvar AN, et al. Safety data of injectable nonanimal stabilized hyaluronic acid gel for soft tissue augmentation. Dermatol Surg 28: 491-494, 2002.
[14] 征矢野進一. 美容外科注入治療. p10, 全日本病院出版会, 東京, 2014.
[15] Lupo MP. Hyaluronic acid fillers in facial rejuvenation. Semin Cutan Med Surg 25: 122-126, 2006.
[16] Hakan B, Billur S, Serhan T, et al. A severe acute hypersensitivity reaction after a hyaluronic acid with lidocaine filler injyction to the lip. Arch Plast Surg 42: 245-247, 2015.
[17] 日本アレルギー学会. アナフィラキシーガイドライン. 2014. (https://anaphylaxis-guideline.jp/pdf/anaphylaxis_guideline.PDF)
[18] Rohrich RJ, Monheit G, Nguyen AT et al. Soft-tissue filler complications: the important role of biofilms. Plast Reconstr Surg 125: 1250-1256, 2010.
[19] Bjarnsholt T, Tolker-Nielsen T, Givskov M et al. Detection of bacteria by fluorescence in situ hybridization in culture-negative soft tissue filler lesions. Dermatol Surg 35 Suppl 2: 1620-1624, 2009.
[20] Urdiales-Gālvez F, Delgado NE, Figueiredo V, et al. Treatment of soft tissue filler complications: expert consensus recommendations. Aesthetic Plast Surg 42: 498-510, 2018.
[21] Saththianathan M, Johani K, Taylor A, et al. The role of bacterial biofilm in adverse soft-tissue filler reactions: a combined laboratory and clinical study. Plast Reconstr Surg 139: 613-621, 2017.
[22] Alhede M, Er Ö, Eickhardt S et al. Bacterial biofilm formation and treatment in soft tissue fillers. Pathog Dis 70: 339-346, 2014.
[23] Pecharki D, Petersen FC, Scheie AA. Role of hyaluronidase in Streptococcus intermedius biofilm. Microbiology 154: 932-938, 2008.
[24] Lemperle G, Gauthier-Hazan N, Wolters M, et al. Foreign body granulomas after all injectable dermal fillers: part 1. possible causes. Plast Reconstr Surg 123: 1842-1863, 2009.
[25] Beleznay K, Carruthers JD, Carruthers A, et al. Delayed-onset nodules secondary to a smooth cohesive 20 mg/ml hyaluronic acid filler: cause and management. Dermatol Surg 41: 929-939, 2015.
[26] Lee JM, Kim YJ. Foreign body granulomas after the use of dermal fillers: pathophysiology, clinical appearance, histrogic features, and treatment. Arch Plast Surg 42: 232-239, 2015.
[27] Williams GT, Williams WJ. Granulomatous inflammation: a review. J Clin Pathol 36: 723-733, 1983.
[28] Ozturk CN, Li Y, Tung R, et al. Complications following injection of soft-tissue fillers. Aesthet Surg J 33: 862-877, 2013.
[29] Signorini M, Liew S, Sundaram H, et al. Grobal Aesthetics Consensus Group. Global aesthetics consensus: avoidance and management of complications from hyaluronic acid fillers-evidence- and opnion-based review and consensus recommendations. Plast Reconstr Surg 137: 961e-971e, 2016.
[30] Lemperle G, Gauthier-Hazan N. Foreign body granulomas after all injectable dermal fillers: part 2. treatment options. Plast Reconstr Surg 123: 1864-1873, 2009.
[31] Brody HJ. Use of hyaluronidase in the treatment of glanulomatous hyaluronic acid reactions or unwanted hyaluronic acid misplacement. Dermatol Surg 31: 893-897, 2005.
[32] Lambros V. The use of hyaluronidase to reverse the effects of hyaluronic acid filler. Plast Reconstr Surg 114: 277, 2004.
[33] Soparkar CN, Patrinely JR, Tschen J. Erasing Restylane. Ophthal Plast Reconstr Surg 20: 317, 2004.
[34] 増子貴, 吉村浩, 森壑. ヒアルロン酸注入による顔面のcontouringとvolumization ; 骨上注入法. 形成外科56 : S111-S117, 2013.
[35] Fernāndez-Cossīo S, Castaño-Oreja MT. Biocompatibility of two novel dermal fillers: histological evaluation of implants of a hyaluronic acid filler and a polyacrylamide filler. Plast Reconstr Surg 117: 1789-1796, 2006.

2 重度并发症

1 皮肤血液循环障碍和皮肤坏死

皮肤血液循环障碍是注射透明质酸引起的严重并发症之一。据报道，其发病率为0.001%～0.09%。除了注射材料导致的直接血管内栓塞外，由注射材料引起的血管受压和血管收缩也是引起皮肤血液循环障碍的原因※。

※关于失明的更多内容，请参照本书第70～81页的“应对失明情况的处置”。

原因

①血管内栓塞。

注射透明质酸后皮肤血液循环障碍的主要原因是透明质酸颗粒造成的血管内栓塞。与其他注射剂相比，透明质酸更容易造成外周血管堵塞和皮肤坏死。特别是在鼻翼位置，可以导致皮肤全层的组织缺损（图3.3.3）。

小鼠实验研究报告显示，在动脉内注射透明质酸会导致毛细血管水平血流受损。在一例眉间区注射透明质酸后导致前额血液循环障碍的病例中，影像学上观察到透明质酸不仅堵塞了动脉，还堵塞了病变区的静脉。

面部静脉缺乏瓣膜结构，易发生逆行性栓塞。因此，透明质酸颗粒也可能从海绵窦流入眼静脉。

②注射材料对血管的压迫。

一项兔耳实验证实，与将透明质酸直接注射至血管内相比，向血管周围注射并压迫血管的缺血程度更为严重。透明质酸制剂吸收水分后最大膨胀量可达475%（体外研究结果），因此需要了解不同透明质酸的性质和注射之后的变化再进行注射。

③血管的挛缩。

将透明质酸注射至血管内后，其作为较强的炎性物质，引起血管痉挛，导致注射部位出现更广泛的循环障碍。

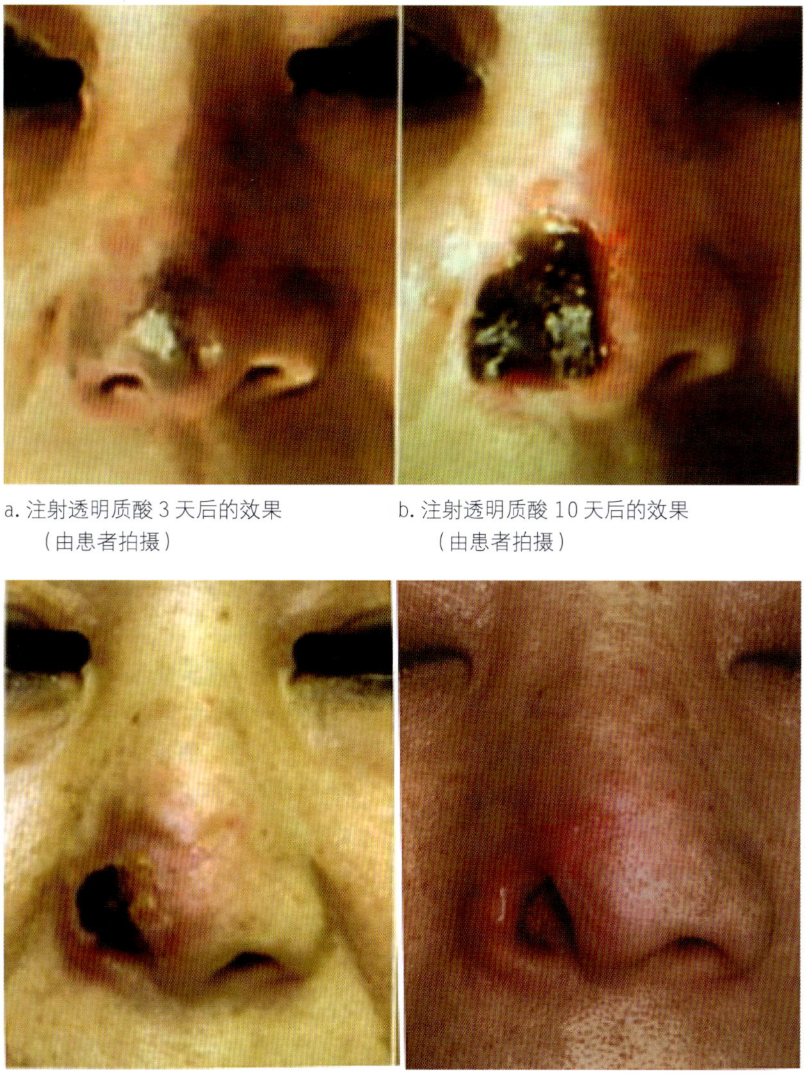

a. 注射透明质酸 3 天后的效果
（由患者拍摄）

b. 注射透明质酸 10 天后的效果
（由患者拍摄）

c. 注射透明质酸 1 个月后的效果

d. 注射透明质酸 3 个月后的效果

图 3.3.3　**注射透明质酸后导致的皮肤坏死**

患者接受透明质酸注射隆鼻，注射部位由鼻背至鼻尖。因未注意到患者皮肤的变化，导致鼻翼部位出现全层组织缺损。

（引自：落合恵子ほか：ヒアルロン酸注入による鼻翼壊死の 1 例．形成外科 58：989-992，2015.）

好发部位及症状

填充剂注射可能导致皮肤血液循环受损，最常好发于鼻尖和鼻翼部位，以及口唇、鼻唇沟、眉间、额部和颧骨突出部位。疑似动脉栓塞的症状有疼痛、皮肤苍白、毛细血管再充盈时间延迟（图 3.3.4），以及皮肤呈现蓝色或灰白色。皮肤苍白通常会在短时间内出现，但很快恢复正常，因此在注射过程中要时刻注意观察注射部位的颜色，以免错过颜色变化。

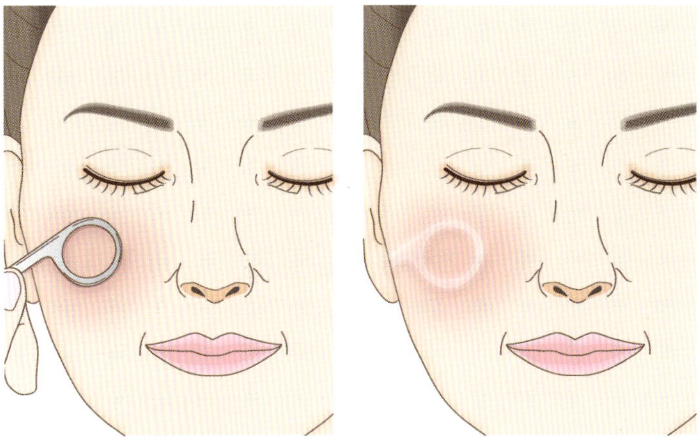

图 3.3.4　**毛细血管充盈时间（capillaly refill time）**

a. 用一个小的钢制物体（如平底锅的手柄）轻压疑似血液循环障碍的部位约 5 s。b. 观察松开后皮肤颜色的恢复速度。如果与对侧相比，皮肤颜色的恢复速度明显延迟，则疑似存在血液循环障碍。

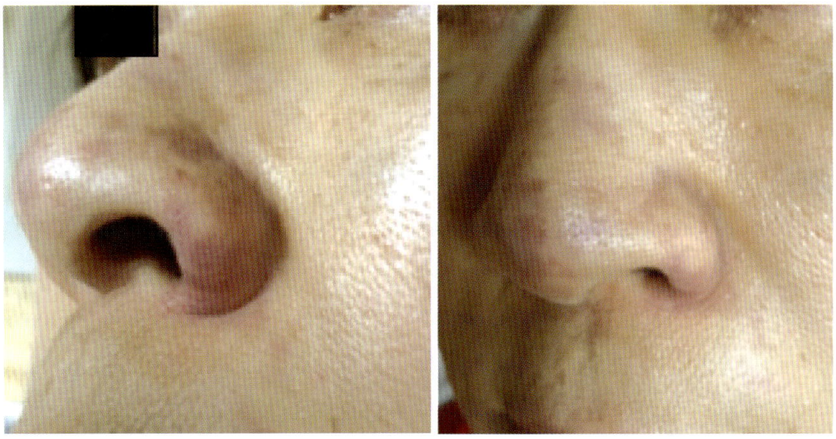

图 3.3.5　**注射透明质酸后因血液循环障碍导致的皮肤颜色变化（注射后 5 h）**

可见由红色变为紫色的斑点。

发生轻度至中度的血液循环障碍后，皮肤颜色的变化会在 3～4 h 内逐渐明显，所以患者回家后往往会注意到异常情况（图 3.3.5）。因此，对于接受透明质酸注射的患者，应提前告知其风险和回家后的注意事项，并提供紧急情况下的联系方式※。

※参照本书1～5页“注射前的要点”。

由于血液循环障碍引起的皮肤颜色变化（由红色到紫色的网状斑点或斑块）可能持续数天，然后形成水疱和脓疱，最终导致结痂和皮肤坏死。因此，有时这种情况也会被误诊为单纯性疱疹。

在怀疑血液循环障碍的情况下，可以将毛细血管充盈时间（图 3.3.4）与对侧进行比较，以作为诊断的参考。

表 3.3.7　由透明质酸引起的血液循环障碍的治疗方案示例

- 热敷和按摩
- 在被栓塞动脉所支配的整个部位的皮下注射透明质酸酶
- 重复（每 30 min）注射透明质酸酶，直到循环恢复
- 其他辅助治疗

※ 需要注意由于按摩引起的二次外周血管栓塞 ※

※ 参照本书 28～38 页“必须了解的透明质酸酶的相关知识”。

治疗

怀疑存在皮肤血液循环障碍时，应尽快注射透明质酸酶。在 24 h 内开始治疗可以对预后产生有益的影响。有报道称，透明质酸酶可能引起过敏反应。虽然发病率较低（1/1000 左右），在给药时也需要做好治疗过敏性休克的准备，并谨慎使用。治疗后的第 2 天必须复诊，必要时需要进一步注射透明质酸酶（表 3.3.7）。

透明质酸酶的使用剂量因透明质酸的种类和特性不同而有所差异，很难一概而论，可以依据参考文献中的给药量标准使用透明质酸酶（图 3.3.6）。

国际皮肤与皮下填充学会（ISAPS）提出的填充物栓塞处置方案（2016 年）中建议，在 40～60 min 内，在怀疑存在栓塞的血管支配区域的全部皮下注射总计 300 U 的透明质酸酶，直到皮肤血液循环恢复，并建议可以进行多次注射。

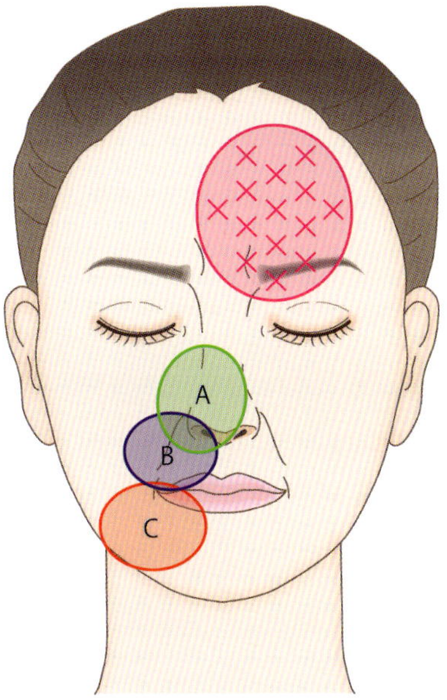

- ISAPS 提出的填充物栓塞处置方案
  在血管栓塞的区域全部皮下注射透明质酸酶（总共 300 U 左右）。
- DeLorenzi 法【大剂量冲击法透明质酸酶注射】
  将风险较高的区域（如白唇、鼻部、下颌、额部）分开处理，每个区域注射 500 U 透明质酸酶（B 区域栓塞：500 U；A＋B：1000 U；A＋B＋C：1500 U）。
- 作者推荐的方法
  X：每个部位注射 10～20 U，在上述区域注射 300 U 以上的透明质酸酶。每 30 min 重复一次，直到皮肤血液循环恢复。

图 3.3.6　在疑似血管栓塞时透明质酸酶的给药方法

表 3.3.8 针对透明质酸引起的血液循环障碍的辅助疗法

- 硝酸甘油（用法：硝基氟苯舌下片 0.3 mg 口服，粘贴双口达姆 TTS 25 mg 等）
- 阿司匹林（用法：拜阿司匹林 100 mg，2 ~ 3 片，或百服宁 81 mg，2 ~ 4 片舌下含服或口服）
- PGE1 制剂（用法：500 μg PGE1 溶解在 100 mL 生理盐水中，以 5 ~ 10 μg/min 的速度静脉注射）
- 泼尼松龙（用法：20 ~ 40 mg/d，3 ~ 5 天）
- 高压氧（用法：1 ~ 2 次 / 天）
- 肝素（用法：静脉注射 5 000 U，1 ~ 2 次 / 天）

※ 需要注意由于按摩引起的外周血管二次栓塞的风险

DeLorenzi 提出“大剂量冲击法透明质酸酶注射”方案，方案中强调“像注水一样”大剂量注射透明质酸酶的重要性。如果在风险较高的区域（如白唇、鼻部、下颌、额部等）怀疑有栓塞，则在每个区域注射 500 U 透明质酸酶（图 3.3.6）。

作者建议借鉴 DeLolenzi 的方案，向每个部位的组织轻柔地注射 300 U 以上的透明质酸酶。在血液循环障碍解除之前，每隔 30 min 重复给药。

透明质酸酶在皮下组织中的半衰期很短，只有 30 min，而且很容易向周围扩散。所以注射剂量足够非常重要。必要时还应考虑给予辅助治疗（表 3.3.8）。

2 脑梗死

概况

有报道称，注射透明质酸可能引发脑梗死这一严重的并发症。虽然脑梗死大多由脂肪注射引起，但注射透明质酸也可能导致这种并发症。因此，在注射时应时刻牢记这一点，并确保获得患者的知情同意。

报道中提到，注射透明质酸引发的脑梗死多发生在眉间部位。患者往往表现为单侧或双侧失明。

尽管脑梗死主要与脂肪注射有关，但有报道称，在因注射填充剂引起失明的患者中，有 39% 的人在 MRI 上显示有脑梗死病灶。其中一半患者还伴有神经系统疾病。因此，在出现失明症状时，应进行神经学检查，并进行头部 MRI 检查以排除脑梗死并发症的可能性。

发病机制

在颈外动脉系统的面部动脉的末端分支中，眼动脉和鼻背动脉与颈内动脉系统的鼻背支吻合。鼻背动脉、眼动脉、滑车上动脉和眶上动脉的压力高于颈内动脉压力。在压力高于颈内动脉压力的情况下注射透明质酸，会导致透明质酸逆行进入眼动脉，并进一步进入颈内动脉，导致注射剂在颅内循环，引起脑梗死。因此，在低压下注射透明质酸是很重要的。

此外，有报道称，患有心室缺损的患者在失明 9 h 后出现迟发性脑梗死。据推测，在这种情况下，注射剂通过静脉循环进入静脉系统，并通过心室缺损处进入脑部，导致脑梗死的发生（缺陷性栓塞）。

虽然静脉栓塞通常引起皮肤血液循环障碍，并且通常没有动脉栓塞那么严重，但是仍然需要注意随后发生肺栓塞或脑梗死的风险。因此，在术前问诊时，应该询问患者的心血管病史。

治疗

注射透明质酸引起的脑梗死的病例报道较少，在针对性治疗方案上尚不明确。

①迅速地紧急转运。

疑似脑梗死的患者应入院治疗，并立即转运至可进行血管介入治疗且有神经科医生的高级别医疗机构。由于神经科医生对透明质酸注射并发症的处理经验有限，所以注射医生应向神经科医生解释透明质酸引发栓塞的机制，并提供注射药物的相关信息。

②紧急血管造影和血管介入治疗。

准备进行紧急血管造影和血管介入治疗※。近年来，介入取栓技术已用于治疗心源性脑梗死，并取得了一定的效果。该疗法通常适用于发病后 8 h 内的患者，美国心脏协会（AHA）/ 美国卒中协会（ASA）对血管介入治疗的指南指出，血管介入治疗可在发病后 6 h 内开始。

※ 参考本书 28～38 页“必须了解的透明质酸酶的相关知识”，以及 70～81 页“应对失明情况的处置”。

因为需要尽快地进行紧急处置，最好与日常进行血管介入治疗的放射科、神经内科及神经外科医生进行协作。

在栓塞部位近端注射高浓度透明质酸酶可能有一定效果，但治疗后有形成继发性外周栓塞和继发性血栓的风险，应在咨询神经科医生后给予抗血小板等治疗措施。

参考文献

[1] Cohen JL, Biesman BS, Dayan SH. Treatment of hyaluronic acid filler-induced impeding necrosis with hyaluronidase: consensus recommendations. Aesthet Surg J 35: 844-849, 2015.

[2] Beleznay K, Humphrey S, Carruthers JD, et al. Vascular compromise from soft tissue augmentation: experience with 12 cases and recommendations for optimal outcomes. J Clin Aesthet Dermatol 7: 37-43, 2014.

[3] Chang SH, Yousefi S, Qin J, et al. External compression versus intravascular injection: a mechanistic animal model of filler-induced tissue ischemia. Ophthalmic Plast Reconstr Surg 32: 261-266, 2016.

[4] Ashton MW, Taylor G, Corlett RJ. The role of anastomotic vessels in controlling tissue viability and defining tissue necrosis with special reference to complications following injection of hyaluronic acid fillers. Plast Reconstr Surg 141: 818e-830e, 2018.

[5] 落合恵子，水谷健人，八木直子ほか. ヒアルロン酸注入による鼻翼壊死の 1 例. 形成外科 58：989-992, 2015.

[6] Maruyama S. A histopathologic diagnosis of vascular occlusion after injection of hyaluronic acid filler：findings of intravascular foreign body and skin necrosis. Aesthetic Surg J 37: 102-108, 2017.

[7] Hee CK, Shumate GT, Narurkar V. Rheological properties and in vivo performance characteristics of soft tissue fillers. Dermatol Surg 41: S373-S381, 2015.

[8] Zhuang Y, Yang M, Liu C. An Islanded rabbit auricular skin flap model of hyaluronic acid injection-induced embolism. Aesthetic Plast Surg 40: 421-427, 2016.

[9] Beleznay K, Carruthers JD, Humphrey S, et al. Avoiding and treating blindness from fillers: a review of the world literature. Dermatol Surg 41: 1097-1117, 2015.

[10] DeLorenzi C. New high dose pulsed hyaluronidase protocol for hyaluronic acid filler vascular adverse events. Aesthet Surg J 37: 814-825, 2017.

[11] Yocum RC, Kennard D, Heiner LS. Assessment and implication of the allergic sensitivity to a single dose of recombinant human hyaluronidase injection: a double-blind, placebo-controlled clinical trial. J Infus Nurs 30: 293-299, 2007.

[12] Casabona G, Marchese PB, Montes JR, et al. Durability, behavior, and tolerability of 5 hyaluronidase Products. Dermatol Surg 2018 Jun 8. doi: 10.1097/DSS.0000000000001562. [Epub ahead of print]

[13] Filler Crash Kit, 2016.（www.isaps.org.）

[14] De Boulle K, Heydenrych I. Patient factors influencing dermal filler complications: prevention, assessment, and treatment. Clin Cosmet Investig Dermatol 15: 205-214, 2015.

[15] Kim EG, Eom TK, Kang SJ. Severe visual loss and cerebral infarction after injection of hyaluronic acid gel. J Craniofac Surg 25: 684-686, 2014.

[16] Li KT, Huang YH, Chen CH, et al. Delayed-onset cerebral infarction after cosmetic facial injection using hyaluronic acid. J Formosan Medical Association 115: 587-588, 2016.

[17] He MS, Sheu MM, Huang ZL, et al. Sudden bilateral vision loss and brain infarction following cosmetic hyaluronic acid injection. JAMA Ophthalmol 131: 1234-1235, 2013.

[18] Park KH, Kim YK, Woo SJ, et al. Iatrogenic occlusion of the ophthalmic artery after cosmetic facial filler injections a national survey by the Korean Retina Society. JAMA Ophthalmol 132: 714-723, 2014.

[19] Jang JG, Hong KS, Choi EY. A case of nonthrombotic pulmonary embolism after facial injection of hyaluronic acid in an illegal cosmetic procedure. Tuberc Respir Dis(Seoul) 77: 90-93, 2014.

[20] 野本俊一，小川令. ヒアルロニダーゼの使用方法に関する考察. 日美外報 40：51-60, 2018.

[21] Powers WJ, Derdeyn CP, Biller J, et al. American Heart Association Stroke Council: 2015 American Heart Association/American Stroke Association focused update of the 2013 guidelines for the early management of patients with acute ischemic stroke regarding endovascular treatment: a guideline for healthcare professionals from the American Heart Association/American Stroke Association. Stroke 46: 3020-3035, 2015.

4. ISAPS 的建议
——填充物栓塞处置方案

Patient Safety Recommendations – Issue Date 20 December 2016 - ISAPS

Filler Crash Kit

Read This Before Injecting

If filler injection site has **severe pain** (or no pain) with **blanching** or **mottled skin discoloration** (livedo reticularis) ***immediately*** administer:

- **Warm compress**, massage filler out of entry site(s)
- **Nitropaste**,(2% solution of Nitroglycerin absorbent paste) apply topically to the area
- **Baby aspirin** (81mg of acetylsalicylic acid)**;** orally
- **Supplemental oxygen**
- **HYALURONDASE**
- **Inject** 300 units of Hyalurondase (2cc in a 3cc syringe, with 0.2cc plain Lidocaine 2% , 27 g-needle) into subcutaneous tissue in area of discoloration
- **Massage** Hyalurondase into tissue
- **Repeat** every 40 – 60 minutes until skin circulation is restored to a bright red appearance (Hyalurondase can be liberally injected, 1000-8000 units or more)
- **Restock** Hyalurondase (package of 4 vials; each vial contains 150 USP units/cc; 2cc equals 300 units; store at 36-46F; always keep 12 vials on hand)
- **In the event of BLINDNESS urgently consult an ophthalmologist and retinal specialist for possible retro-bulbar injection of Hyalurondase**
- **In the event of stroke, initiate standard emergency room stroke protocol**

<u>Know filler complication risk factors:</u>

- Deep injections (nasal radix and lateral nasal wall)
- Avoid upper lip philtrum (vessel is superficial)
- Large volume bolus (greater than 0.1cc)
- Previous rhinoplasty patient
- High pressure injection
- Small, sharp needles

Disclaimer:

The preceding methods and products are not required. They are recommendations from the ISAPS Patient Safety Committee and do not establish a standard of care. Practitioners who do not have these products should consider practicing near a facility which does and which would allow for expeditious access.

(www.isaps.org.)

填充物栓塞处置方案

在进行注射治疗之前，请阅读以下内容。

如果注射部位出现苍白并伴有剧痛（有时无痛），或颜色发生改变（出现瘀斑），应立即进行以下处理：

- 热敷、按摩：促进填充物从注射部位排出。
- 硝酸甘油制剂（2%硝化甘油膏）涂抹在局部。
- 口服阿司匹林（拜阿司匹林片 81mg）。
- 吸氧。
- 局部注射透明质酸酶（300 U）。

注射 300 U 透明质酸酶的方法：使用 3 mL 注射器和 27 G 针头，生理盐水中加入 300 U 透明质酸酶和 0.2 mL 2%利多卡因，终体积 2 mL。将配置液体注射到患处皮下组织。

- 通过按摩使透明质酸酶扩散到组织中。
- 每隔 40 ~ 60 min 重复上述操作，直到皮肤血液循环恢复并观察到患者脸色潮红（透明质酸酶可按 1000 ~ 8000 U 或更多的剂量给药）。
- 储备透明质酸酶。

人源性透明质酸酶每 1 小瓶（1 mL）含量为 150 U，1 盒内含有 4 小瓶，2 mL 含量为 300 U。保存温度为 2 ~ 8℃。建议常规准备 12 瓶透明质酸酶。

- 一旦发生失明，立即咨询眼科医生（最好是能够进行球后透明质酸酶注射的视网膜专家）。
- 如果发生脑梗死，请尽快将患者送往能够进行脑梗死治疗的医疗机构。

填充物发生并发症的风险因素如下：

- 深部注射（特别是在鼻根部、鼻外侧壁附近）。
- 人中部注射（在血管浅层进行注射）。
- 大剂量注射（剂量超过 0.1 mL）。
- 有隆鼻手术史。
- 高压力注射。
- 使用细的锐针进行注射。

第 4 章

失明的应对措施

第 4 章 失明的应对措施

1. 失明（眼部功能障碍）的概述

要点

- 透明质酸注射治疗后最严重的并发症是失明，其发病机制和病情转归规律尚未完全明确。
- 目前，虽然普遍认为，在失明发生后的初期治疗时，向球后注射透明质酸酶是最重要的处置措施，但是相关证据依然不足，今后有必要对此进行进一步研究。

前言

在透明质酸注射治疗后，最严重的并发症是失明。截至 2015 年，有 23 例因注射透明质酸而导致失明的病例报道。推测一定会有在医院内处理而未报道的失明病例，因此其实际发生率尚不明确。

最容易导致失明发生的注射部位是鼻部、眉间部、鼻唇沟。

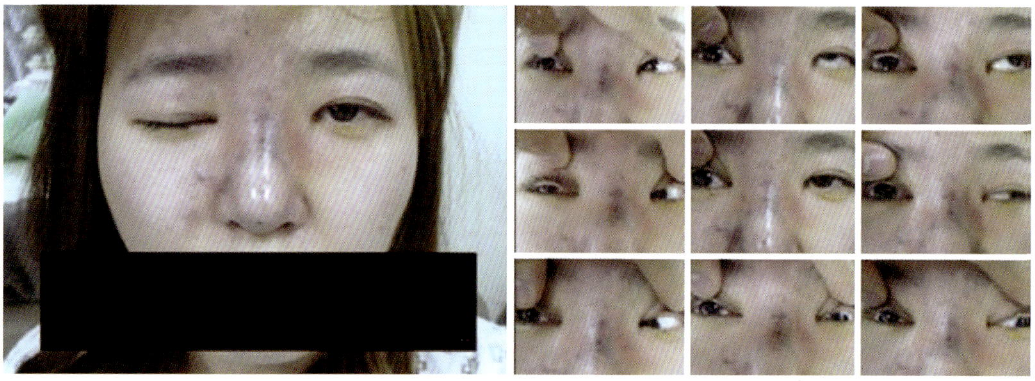

图 4.1.1　**注射透明质酸后失明的病例在发病当天的观察结果**

在眉间注射透明质酸后，导致患者右眼突然失明、眼睑下垂和眼球运动障碍，皮肤出现红斑和缺血性变化。

转自：Paik DW, et al. A case of visual loss and ophthalmoplegia following injection of hyaluronic acid into the glabella. Korean Ophthalmol Soc 54:971-976, 2013.(Copyright2013, The Korean Ophtalmological Society)

1 症状

失明发生后的急性症状有：剧烈的眼部疼痛（有时无疼痛表现）、突然的视力障碍、视野缺损、眼球运动障碍、头痛和恶心。当眼周和眉部之间的区域出现苍白或淤青的颜色改变时，应怀疑有眼部功能障碍的可能（图 4.1.1）。

2 检查

经治医生要确认患者是否存在视力障碍、眼球运动障碍及瞳孔异常，并进行以下眼科检查。

①视力检查。

②视野检查。

③眼底检查：观察视网膜血管的状态。在透明质酸栓塞后，经常观察到红点，多为视网膜动脉栓塞（图 4.1.2）。

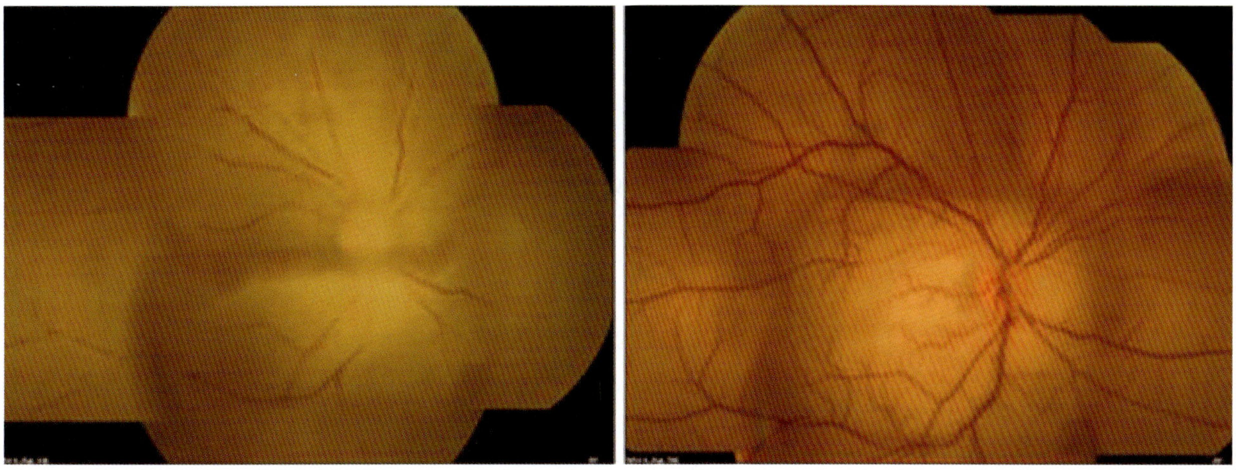

a. 失明当天
视网膜中心动脉闭塞和视神经乳头苍白。

b. 失明后 7 天
视网膜循环重新建立，静脉扩张，动脉狭窄。

图 4.1.2　**注射透明质酸后失明的病例右眼眼底观察结果**

转自：Paik DW, et al. A case of visualloss and ophthalmoplegia following iniection of hvaluronic acid into the glabella. Korean Ophthalmol Soc 54:971-976, 2013.(Copyright2013, The Korean Ophtalmological Society)

④荧光素荧光眼底造影检查：检查视网膜血管是否闭塞和是否存在缺血性视网膜病变。

⑤眼部断层扫描（OCT）：测量视网膜的厚度和是否存在由炎症引起的水肿。

⑥头部 MRI：检查是否存在脑梗死。

3 发病机制

“动脉逆行性流动假说”（图 4.1.3）是注射物（如透明质酸或脂肪）引起的医源性失明的主要机制。有报道称，与其他因素也有一定关系，其确切原因尚未完全阐明。

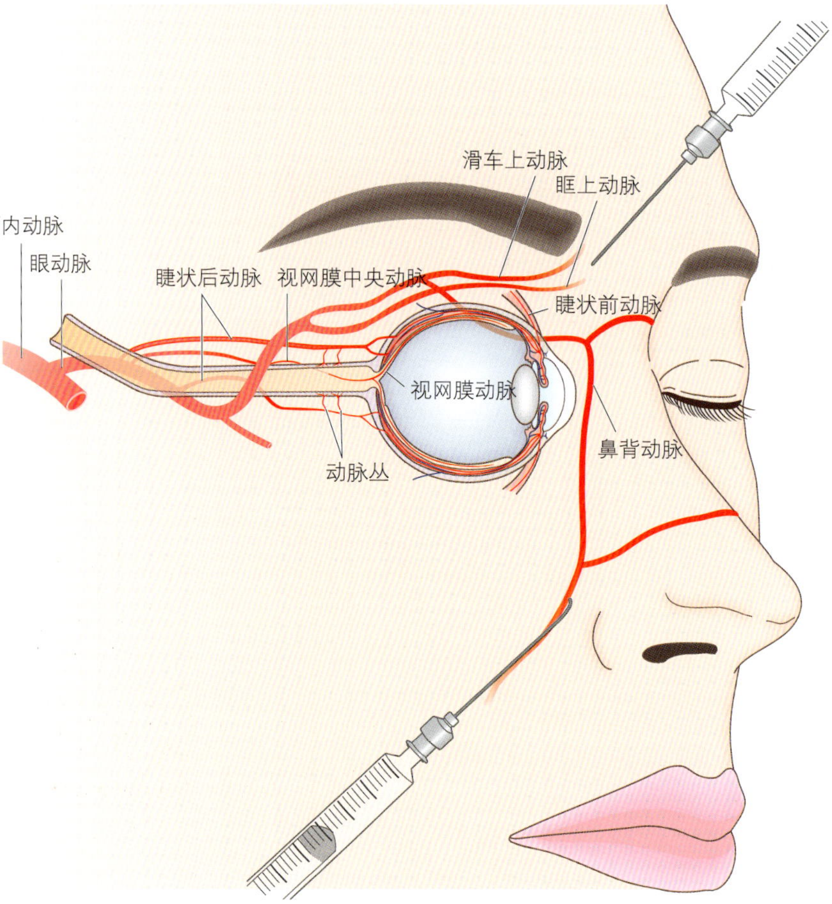

图 4.1.3 失明的发病机制

引自：Park SW, et al. Iatrogenic retinal artery occlusion caused by cosmetic facial filler injections. Am. J Ophthalmol 154:653-662, 2012.

动脉逆行性流动假说

①装有注射物的注射器针头误刺入动脉血管内→

②在对注射器施加压力后，注射材料进入动脉并被逆向填充→

③当停止注射后（填充压力消失），填充到动脉中的注射物逐渐在动脉中流动→

④注射物堵塞眼动脉、视网膜中央动脉和视网膜的动脉分支，引起视网膜缺血，最终导致患者失明。

4 治疗

①世界上首例采用透明质酸酶救治失明的病例。

对于注射透明质酸后引起的失明，紧急救治的首要任务是注射透明质酸酶以达到溶解栓塞的目的。

2018 年，Chesnut 在世界上首次报道了因注射透明质酸引起失明，在球后注射透明质酸酶进行救治的病例。此外，他还提出了失明救治方案。Chesnut 认为，如果针对失明做好必要的准备工作，并能够迅速采取正确的治疗措施，就有可能成功地救治（表 4.1.1）。

目前观点认为，球后注射透明质酸酶是缓解失明的最重要的初期治疗方法。操作失误导致视网膜发生不可逆的变化，黄金救治时间为发病后的 60 ~ 90 min，因此应在失明发生后尽快注射透明质酸酶※。

※ 参照本书 74 ~ 75 页“失明发生后透明质酸酶（Hylenex®）的准备和配制”。

表 4.1.1 Chesnut 提出的失明救治方案

①与工作人员合作，迅速联系最近的眼科医生
②在注射透明质酸的区域注射高剂量的透明质酸酶
③使用 27G 针，避开眼球，在 2.54 ~ 3.08 cm 深处从眼眶下缘外侧向球后注射 300 ~ 600 U 透明质酸酶 ※ 在临床上，有的病例在大约 2 min 内注射 3 次透明质酸酶（每次 150 U），最后观察到患者的视力完全恢复
④进行眼部按摩

②透明质酸酶能救治失明病例吗?

另一方面，尽管有注射透明质酸酶后恢复视网膜循环并改善失明的病例，但也有未能得到有效救治而失明的病例，存在视网膜中心动脉发生明显缺血性变化而失明的病例。

关于导致失明的原因，尚未完全明确。除了动脉栓塞，另一个主要原因是透明质酸在血管内转化为炎性物质，对视神经等周围组织造成损害，引起血管痉挛，可能导致后期发生缺血性视神经病变。在注射透明质酸后，由于其吸收水分后发生体积膨胀，可能压迫周围组织，引起二次栓塞。

综上所述，针对透明质酸注射后眼部功能障碍的治疗方案是以早期使用透明质酸酶溶解血管内栓塞物为基础的，考虑血管痉挛和二次栓塞等原因，可辅助应用类固醇药物治疗后期缺血性视神经病变。在治疗过程中，需要眼科医生的协助，与他们共同治疗，可以提高救治失明病例的成功率。

参考文献

[1] Beleznay K, Carruthers JD, Humphrey S, et al. Avoiding and treating blindness from fillers: a review of the world literature. Dermatol Surg 41: 1097-117, 2015.
[2] Paik DW, Jang IB, Kim JS, et al. A case of visual loss and ophthalmoplegia following injection of hyaluronic acid into the glabella. J Korean Ophthalmol Soc 54: 971-976, 2013.
[3] Carruthers JD, Fagien S, Rohrich RJ, et al. Blindness caused by cosmetic filler injection: a review of cause and therapy. Plast Reconst Surg 134: 1197-1201, 2014.
[4] Park KH, Kim YK, Woo SJ, et al. Iatrogenic occlusion of the ophthalmic artery after cosmetic facial filler injections. Am J Ophthalmol 132: 714-723, 2014.
[5] Park SW, Woo SJ, Park KH, et al. Iatrogenic retinal artery occlusion caused by cosmetic facial filler injections. Am J Ophthalmol: 154: 653-662, 2012.
[6] Chesnut C. Restoration of visual loss with retrobulbar hyaluronidase injection after hyaluronic acid filler. Dermatol Surg 44: 435-437, 2018.
[7] Hayreh SS. Intra-arterial thrombolysis for central retinal artery occlusion. Br J Ophthalmol 92: 585-587, 2008.
[8] Loh KT, Chua JJ, Lee HM, et al. Prevention and management of vision loss relationg to facial filler injections. Singapore Med J 57: 438-443, 2016.
[9] Zhu GZ, Sun ZS, Liao WX, et al. Efficacy of retrobulbar hyaluronidase injection for vision loss resulting from hyaluronic acid filler embolization. Aesthet Surg J 38: 12-22, 2017.
[10] Kim YK, Jung C, Woo S, et al. Cerebral angiographic findings of cosmetic facial filler-related opthalmic and retinal artery occlusion. J Korean Med Sci 30: 1847-1855, 2015.
[11] Zhuang Y, Yang M, Liu C. An Islanded rabbit auricular skin flap model of hyaluronic acid injection-induced embolism. Aesthetic Plast Surg 40: 421-427, 2016.
[12] Ashton MW, Taylor GI, Corlett RJ. The role of anastomotic vessels in controlling tissue viability and defining tissue necrosis with special reference to complications following injection of hyaluronic acid fillers. Plast Reconstr Surg 141: 818e-830e, 2018.
[13] Chang SH, Yousefi S, Qin J, et al. External compression versus intravasculara injection: a mechanistic animal model of filler-induced tissue ischemia. Ophthalmic Plast Reconstr Surg 32: 261-266, 2016.

2. 应对失明情况的处置

要点

◆在应对失明情况时，必须与眼科医生进行协作。如果发生失明，应尽快与眼科医生取得联系，并在 90 min 内向球后注射透明质酸酶。

◆为了在发生事故后不至于惊慌失措，最重要的是“提前做好准备”，与相关人员建立合作机制，并准备必要的物品。

1 初期应对

如果在注射过程中患者出现剧烈的眼部疼痛、视觉障碍或视野缺损，应立即中止透明质酸注射，并采取以下初期应对方法（表 4.2.1）：

①请患者躺下，建立静脉通道。

在失明发生后，也有可能合并发生脑梗死。请患者仰卧，建立静脉通道，并确保其畅通。

②向眼科医生请求紧急会诊，做好转运准备。

事先制定在发生失明后紧急应对和转运的预案。参见福冈大学博多站诊所的联络

表 4.2.1　初期应对预案

①请患者躺下，建立静脉通道，并确保其畅通
②向眼科医生请求紧急会诊，并与工作人员配合，做好转运准备
③透明质酸酶准备
　Hylenex®：1 瓶含 150 U（1 mL）
　粉末制剂：用生理盐水调配成每毫升 300 U
④向球后注射透明质酸酶
　2 mL/ 次（300 ~ 600 U），根据情况每 30 ~ 60 min 重复给药
⑤进行辅助治疗
・眼部按摩
・控制眼压
・使用类固醇药物
・口服阿司匹林
・高压氧治疗
・选择性向动脉内透明质酸酶注射

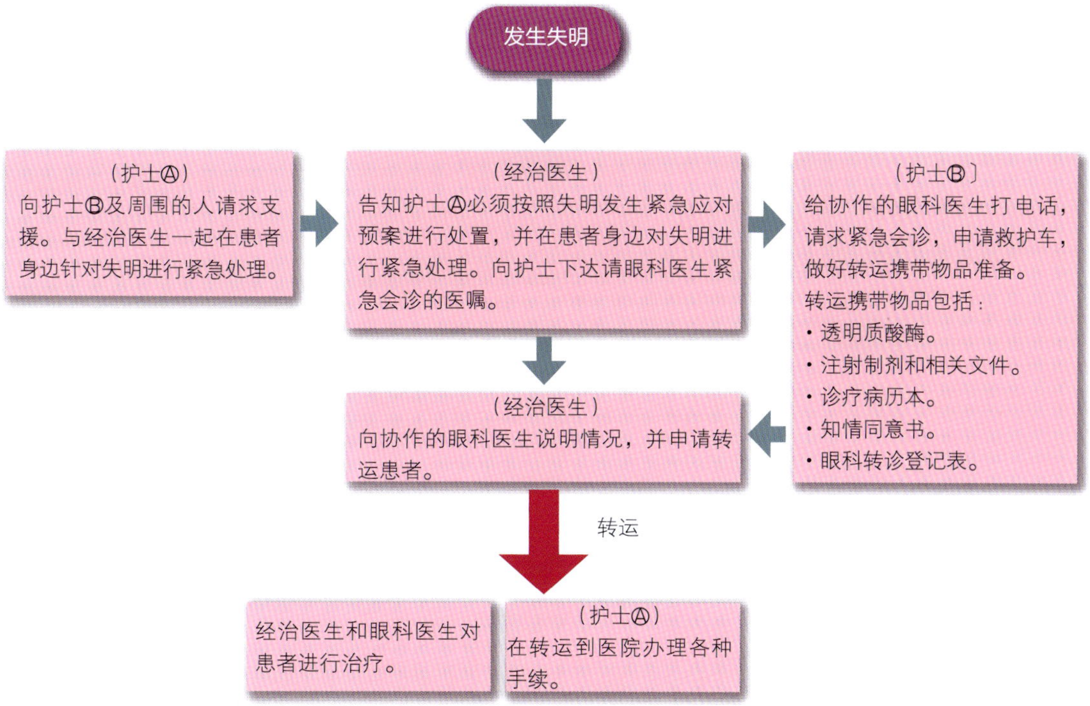

图 4.2.1　**因注射透明质酸导致失明后的联络和转运预案**

和转运预案（图 4.2.1）。

● **转运时需要携带的物品**

・透明质酸酶。

・注射制剂和相关文件。

・诊疗病历本。

・知情同意书。

・眼科转诊登记表（内容包括：年龄、性别、既往病史、眼科既往病史、给药史、有无过敏反应、注射部位、失明发生时的症状和表现、经治医生的联系方式等）。

③向球后注射透明质酸酶。

首次使用透明质酸酶应在眼部功能障碍发生后的 60 ~ 90 min 内进行。推荐剂量为 2 mL/ 次（300 ~ 600 U）。如果患者视力没有恢复，应每 30 ~ 60 min 重复给药。该治疗方法的依据如下：

● **依据 1：**透明质酸酶可以从血管外渗透到血管内，因此通过球后注射的方法向眼球后部注射透明质酸酶，对于溶解栓塞物是很重要的※。在眼科的球后麻醉手术中，一般注射 5 mL 左右（根据需要每隔 60 ~ 90 min 注射最佳），因此，透明质酸酶 2 mL/ 次的给药量是安全的。

※ 参照本书 74 ~ 75 页“失明发生后透明质酸酶（Hylenex®）的准备和配制”。

● **依据 2**：有研究报道，采用在滑车上动脉的正下方切开，向动脉内逆行给予透明质酸酶的方法，其安全性和效果不如在球后注射透明质酸酶。

④眼部按摩，控制眼压，应用类固醇药物。

在因透明质酸注射所引起的失明的机制中，除了动脉栓塞之外，还有其他因素需要考虑。因此，需要与眼科医生配合进行眼压的控制和针对球后视神经炎等病症的多方面治疗。

● **眼部按摩**

让患者闭上眼睛，按压 10 ~ 15 s，使眼球内陷 2 ~ 3 mm，停止按压（每 3 ~ 5 min 重复一次）。

● **控制眼压**

0.5% 胸腺素滴眼；甘露醇注射液静脉滴注，每次注射 100 mL，3 ~ 10 min 完成快速静脉输液；前房穿刺等。

● **使用类固醇药物**

用量：泼尼松 20 ~ 40 mg/d。在疑似视神经病变的情况下，住院后可以进行类固醇冲击疗法。

⑤口服阿司匹林。

用法与用量：拜阿司匹林片 100 mg/ 片，2 ~ 3 片或 2 ~ 4 片，口服；百服宁 81 mg，舌下含服或咀嚼服用。

⑥高压氧治疗。

⑦选择性动脉内透明质酸酶注射。

在发生失明后的 60 ~ 90 min 内需要组建一支由血管介入科医生和眼科医生组成的高水平专业性医疗团队，可以使用微型导管在栓塞部位的近端进行选择性动脉内透明质酸酶注射。但是在治疗初期，应优先考虑在球后尽快进行血管外透明质酸酶的注射。

② 与眼科医生的合作

①提前建立合作机制。

对于失明的治疗，眼科医生的协助非常重要。不仅是在球后注射透明质酸酶方面，而且为了迅速准确地控制眼压和进行保护视神经等各种治疗，均需要提前与眼科医生建立合作机制，以确保在紧急情况下能够进行快速配合※。

※ 参照本书 82～84 页“眼科医生的观点和建议 Q&A”。

由于注射治疗所引起的眼部功能障碍对于眼科医生来说也没有足够的临床经验，所以事先向眼科医生说明失明的发病机制、病情、治疗方法以及使用的药物等是非常重要的。

另外，由于失明发生，之后有可能发展为诉讼案件，因此在请求协助救治时，有必要消除眼科医生对于法律责任的顾虑※。

※ 参照本书 86～92 页“律师的观点和建议 Q&A——医生是否有法律责任？”。

②提供充足的信息。

当请求眼科医生共同治疗透明质酸注射引起的并发症时，应该使眼科医生充分了解所使用的透明质酸的特性。

从事医疗美容行业的医生都知道，“一旦错误地注射了交联型透明质酸制剂，穿刺吸引注射物是很困难的”，而很多眼科医生却并没有交联型透明质酸制剂的知识和并发症的治疗经验。双方知识和经验的差异以及信息共享的不足，也会导致患者受到不必要的伤害。有报告称，曾有眼科医生尝试用 30G 针抽吸误入眼球的透明质酸制剂，但难度极大。

为了迅速、正确地对患者进行治疗，在请求其他医生协助时，应充分提供关于透明质酸注射制剂的特性和并发症治疗的相关知识。

3 失明发生后 透明质酸酶（Hylenex®）的准备和配制

①透明质酸酶的准备。

治疗眼部功能障碍时使用的透明质酸酶价格较贵。从安全角度考虑，推荐使用 Hylenex®（图 4.2.2）。

Hylenex® 是一种源自人体的透明质酸酶，每瓶 150 U（1 mL）。每盒 4 瓶，共计 600 U（4 mL）。存放温度应在 2～8℃之间。建议常备 12 瓶（3 盒）。

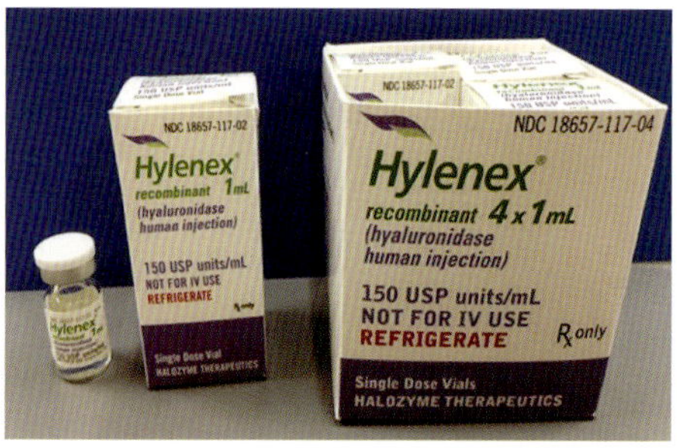

图 4.2.2 Hylenex®

②球后注射所需物品。

注射时使用 2.5 mL 注射器。注射针采用 23G 球后麻醉针，为 44 mm 长的弯针。也可以采用其他注射针代替，但为了到达球后，针长至少需要 1 in（2.54 cm）。另外，还需准备 2% 或 1% 利多卡因作为局部麻醉药使用（图 4.2.3）。

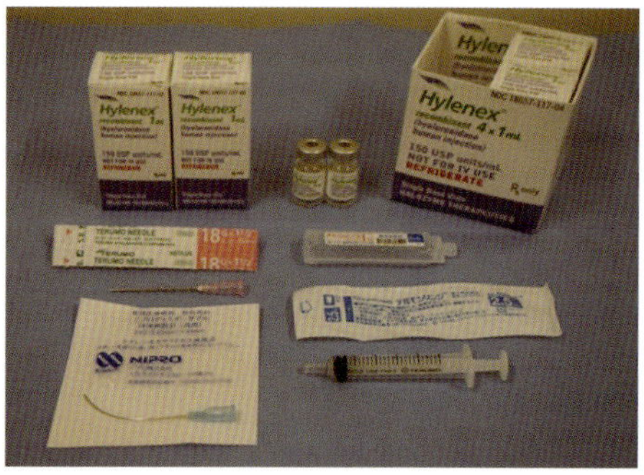

图 4.2.3 符合 ISAPS Filler CrashKit 标准的物品
Hylenex®（2 瓶以上），18G 注射针，2.5 mL 注射器，1 % 利多卡因，23G 球后麻醉针（44 mm，弯针）。

③ Hylenex® 的配制。

Hylenex® 为液体制剂，无须溶解，方便在紧急情况下使用。将 2 小瓶 Hylenex®（300 U，2 mL）抽吸到 2.5 mL 注射器中。加入 0.2 mL 1% 利多卡因，配制成总剂量为 2.2 mL 的溶液（图 4.2.4，图 4.2.5）。

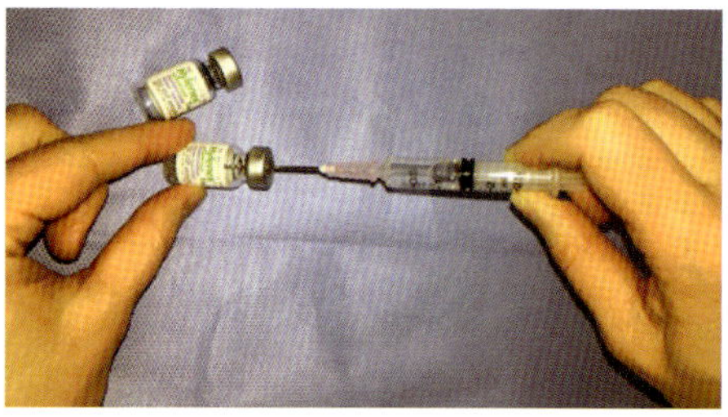

图 4.2.4 将 Hylenex®（2 瓶，300 U，2 mL）抽吸到 25 mL 注射器中

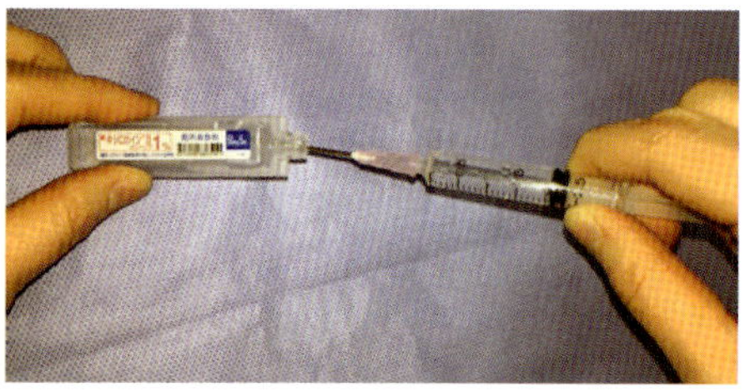

图 4.2.5 添加 0.2 mL 1% 利多卡因，配制后总剂量为 2.2 mL

在注射器上安装球后麻醉弯针，准备完成（图 4.2.6）。

在使用其他粉末状透明质酸酶时，需要进行溶解。一般使用生理盐水进行稀释，终浓度为 150 ~ 300 U/mL。

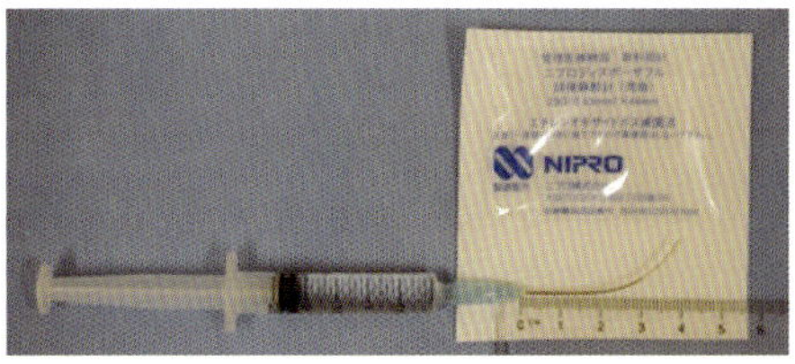

图 4.2.6　安装 44 mm 长的 23G 球后麻醉弯针，准备完成

④在没有球后麻醉弯针时使用的注射针。

如果没有球后麻醉弯针，可以使用注射透明质酸时采用的 40 mm 长的 25G 钝针来代替（图 4.2.7），先使用 23G 锐针穿刺形成钝针进入点。

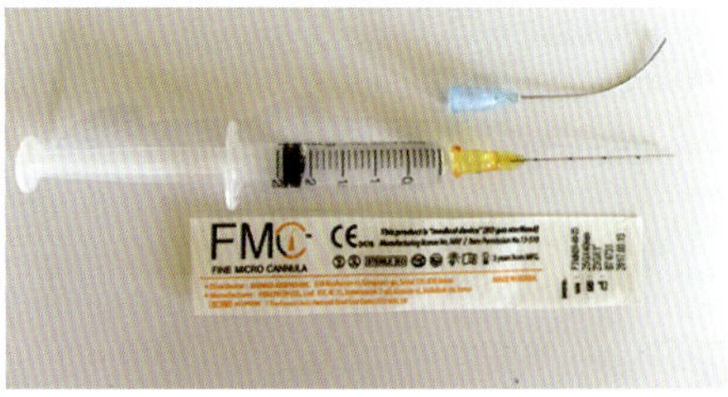

图 4.2.7　40 mm 长的 25G 钝针

参考文献

[1] Kim EG, Eom TK, Kang SJ. Severe visual loss and cerebral infarction after injection of hyaluronic acid gel. J Craniofac Surg 25: 684-686, 2014.

[2] Li KT, Huang YH, Chen CH, et al. Delayed-onset cerebral infarction after cosmetic facial injection using hyaluronic acid. J Formosan Medical Association 115: 587-588, 2016.

[3] He MS, Sheu MM, Huang ZL, et al. Sudden bilateral vision loss and brain infarction following cosmetic hyaluronic acid injection. JAMA Ophthalmol 131: 1234-1235, 2013.

[4] DeLorenzi C. New High dose pulsed hyaluronidase protocol for hyaluronic acid filler vascular adverse events. Aesthet Surg J 37: 814-825, 2017.

[5] Wang M, Li W, Zhang Y, et al. Comparison of intra-arterial and subcutaneous testicular hyaluronidase injection treatments and the vascular complications of hyaluronic acid filler. Dermatol Surg 43: 246-254, 2017.

[6] Chesnut C. Restoration of visual loss with retrobulbar hyaluronidase injection after hyaluronic acid filler. Dermatol Surg 44: 435-437, 2018.

[7] Loh KT, Chua JJ, Lee HM, et al. Prevention and management of vision loss relationg to facial filler injections. Singapore Med J 57: 438-443, 2016.

[8] Urdiales-Galvez F, Delgado NE, Figueiredo V, et al. Treatment of soft tissue filler complications: expert consensus recommendations. Aesthetic Plast Surg 42: 498-510, 2018.

[9] Beleznay K, Humphrey S, Carruthers JD, et al. Vascular compromise from soft tissue augmentation: experience with 12 cases and recommendations for optimal outcomes. J Clin Aesthet Dermatol 7: 37-43, 2014.

[10] Chiang, C, Zhou, S, Liu, K, et al. Intravenous hyaluronidase with urokinase as treatment for arterial hyaluronic acid embolism. Plast Reconstr Surg 137: 114-121, 2016.

[11] 日野智之，上田真由美，木下茂ほか．美容外科において角膜実質内にヒアルロン酸ナトリウムが誤注入された 1 例. 日眼会誌 122：406-409, 2018.

[12] Paik DW, Jang IB, Kim JS, et al. A case of visual loss and ophthalmoplegia following injection of hyaluronic acid into the glabella. J Korean Ophthalmol Soc 54: 971-976, 2013.

[13] Filler Crash Kit, 2016.（www.isaps.org.）

④ 球后注射的操作方法

本节介绍了使用弯针进行左下睑侧位经皮球后注射的操作方法（具体操作过程参见第 80-81 页视频链接）。

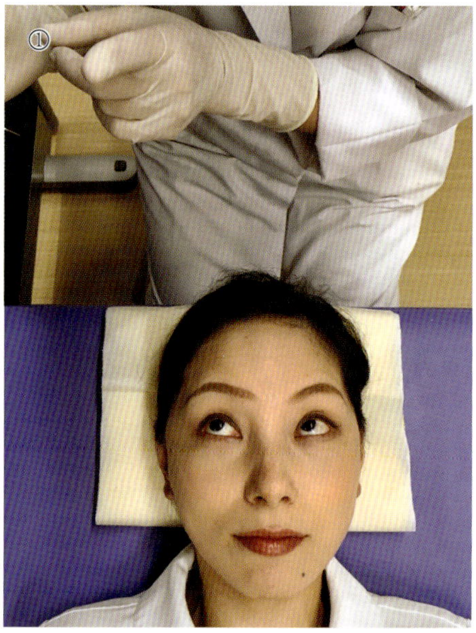

①患者取仰卧位，注视内侧上方。

如果患者注视方向难以跟随手指移动，可以在患者的头顶右侧敲出“嗵嗵”的声音，指示其注视的方向。

※ 在临床上失明发生后，由于眼外肌麻痹，常见自发性眼球运动障碍。

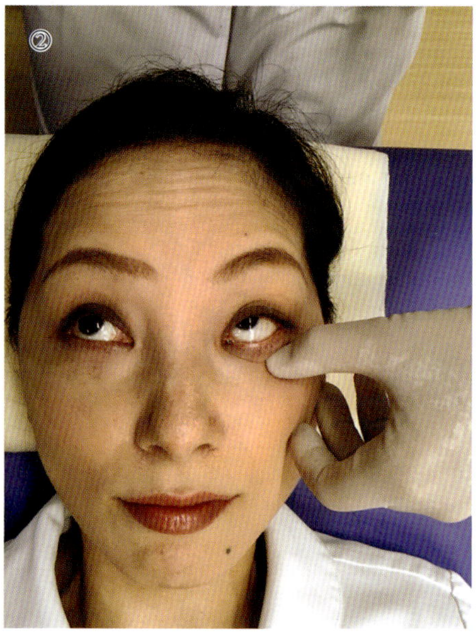

②嘱患者保持向内侧上方注视，确保眼球不动。经治医生用拇指分开眶下缘和眼球，形成间隙。

③注射针垂直刺入皮肤。注射针的刺入点位于眶下缘外侧 2 mm，靠近眼球侧。

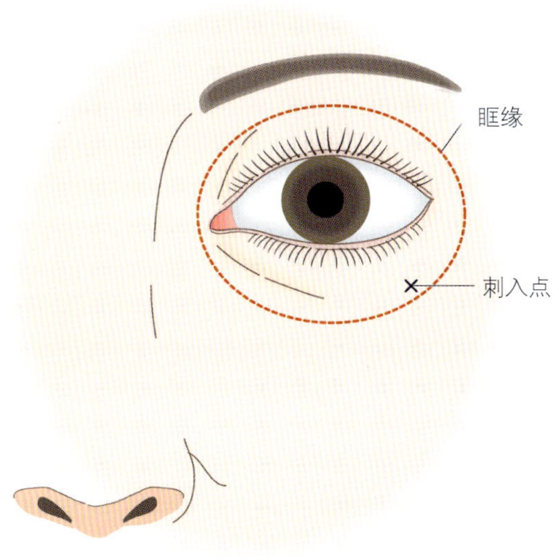

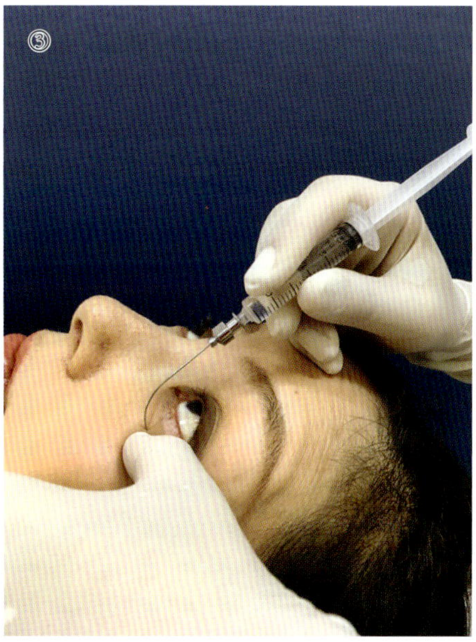

④保持注射针和注射器的轴线与眼球中轴线处于同一平面，缓慢推进针头。

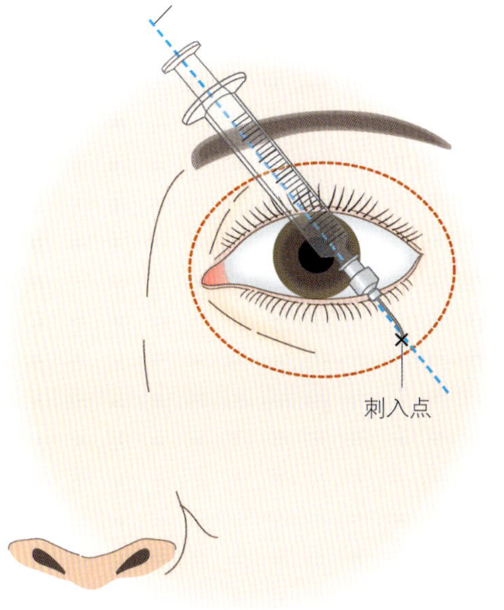

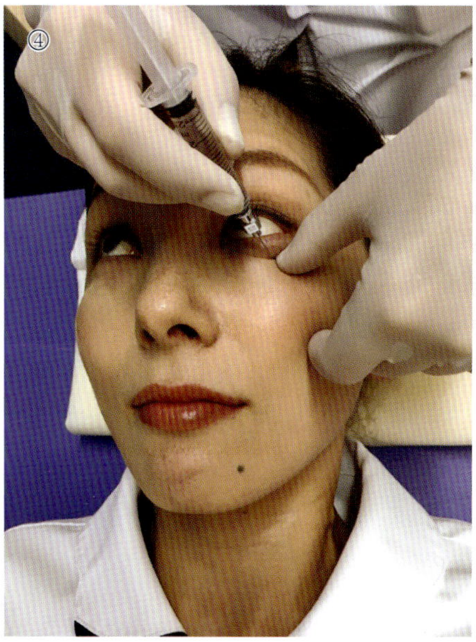

⑤一边观察眼球中心的位置，一边以向外下方画圆的方式推进针头。注意向没有阻力的方向缓慢地推进针头。

如果在眼球周围脂肪层进行注射，疼痛感较轻。避免接触眼球的下表面，防止导致疼痛和出血。巩膜和视神经质地较硬，如果针尖阻力较大，可能是遇到了这些结构，此时不要强行推进，需要改变方向或拔出针头后重新进行注射。

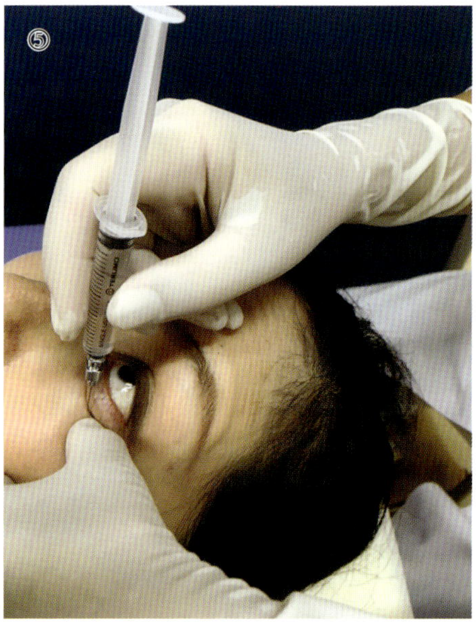

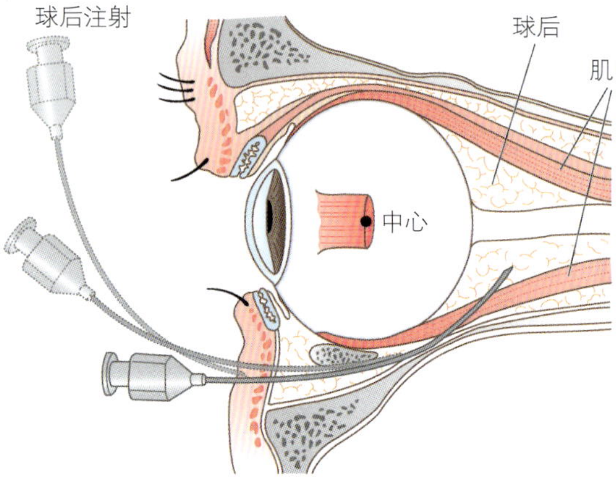

⑥在穿过肌圆锥时会感觉到阻力，在针头进入 2.5 ~ 3 cm 时，回抽注射器，确认无血液返流。

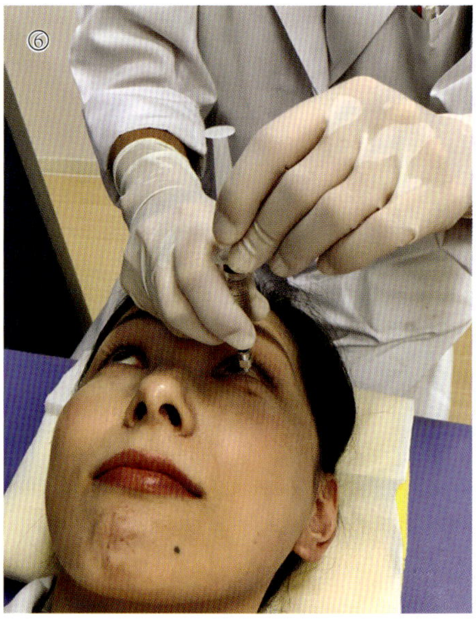

⑦缓慢注射透明质酸酶。

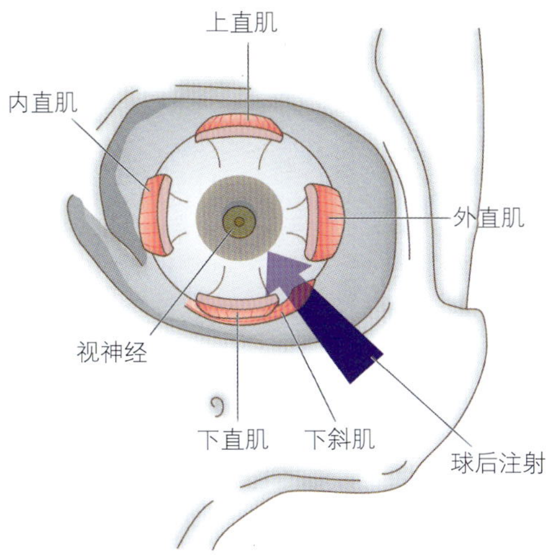

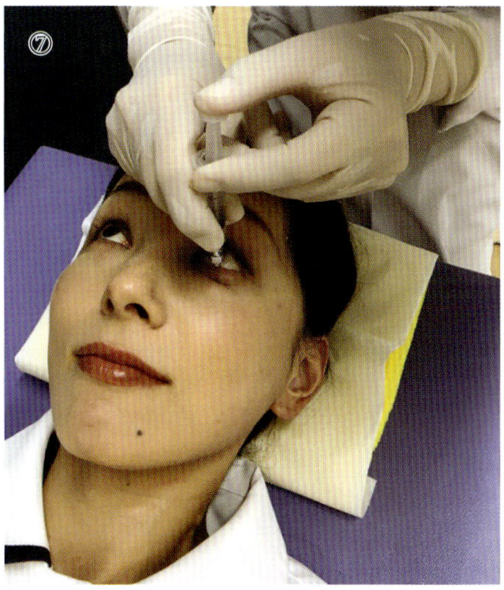

⑧沿着与插入时相反的方向拔出针头。

在拔出针头后 1 ~ 2 min 内，用纱布轻轻按压下睑部止血。之后轻轻地按摩眼球，促进药物的吸收。

※ 按摩时注意观察脉搏，防止眼心反射引起的心动过缓。

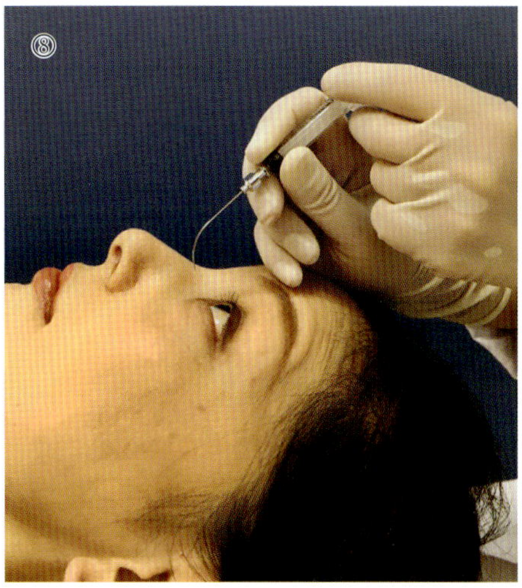

（摄影和技术指导：戸畑総合病院眼科 羽出山万祐美、橋野 京子）

● 避免并发症

①球后出血：发生率最高。动脉出血时会有明显的眼球搏动和眼球突起。静脉出血时速度较慢。为了止血，可以尝试按压眼睑。

②眼球穿孔：非常罕见。多发生于眼轴长、巩膜薄的高度近视的患者。患者会突然感觉眼球变软，并出现剧烈疼痛。首先要注意视网膜破裂和视网膜脱落等问题。

③视神经病变：非常罕见。如果让眼睛向内上方注视，视神经会向外下方偏转，接近进针的方向。

④眼心反射：主要由麻醉后的疼痛和注射后的按摩所引起。在手术中要密切观察患者的生命体征。如果出现严重的心动过缓，可以静脉注射硫酸阿托品。

● 相关视频：眼科手术中的球后注射（视频 1～4）

①向内侧上方注视→

②从下睑外侧插入弯针→

③刺入肌圆锥时有较明显的痛感，在肌圆锥旁注射 1 mL 的麻醉液→

④刺入肌圆锥后，回抽注射器，确定无血液返流后，注射剩余的麻醉液→

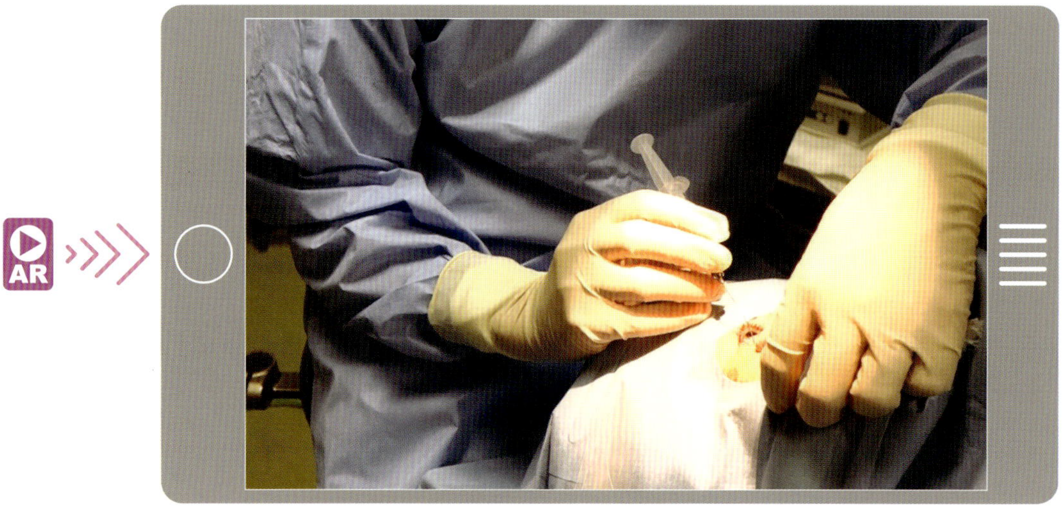

视频 1　右眼球后麻醉示例①（39 s）

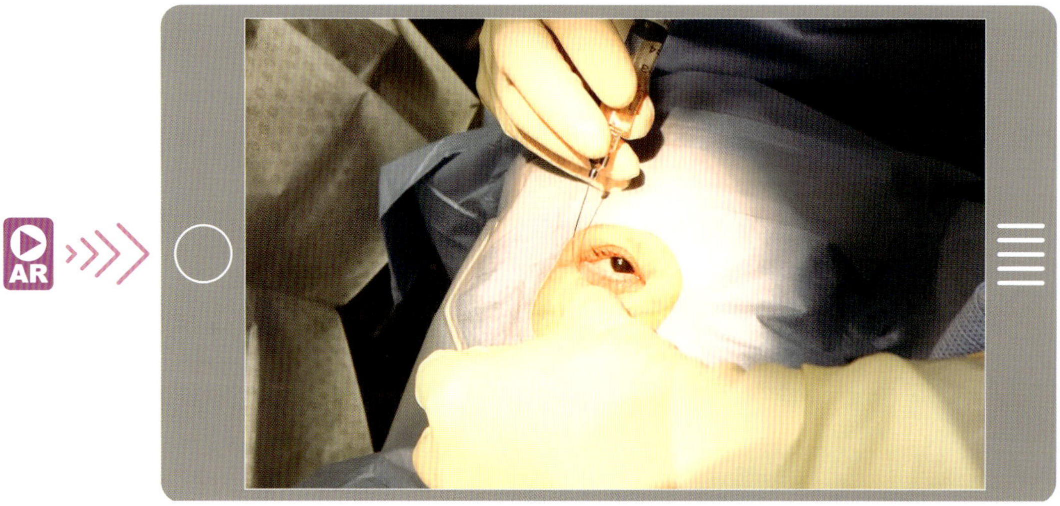

视频 2　右眼球后麻醉示例②（48 s）

⑤沿着与插入时相反的方向拔出针头→

⑥轻轻按压下睑部。

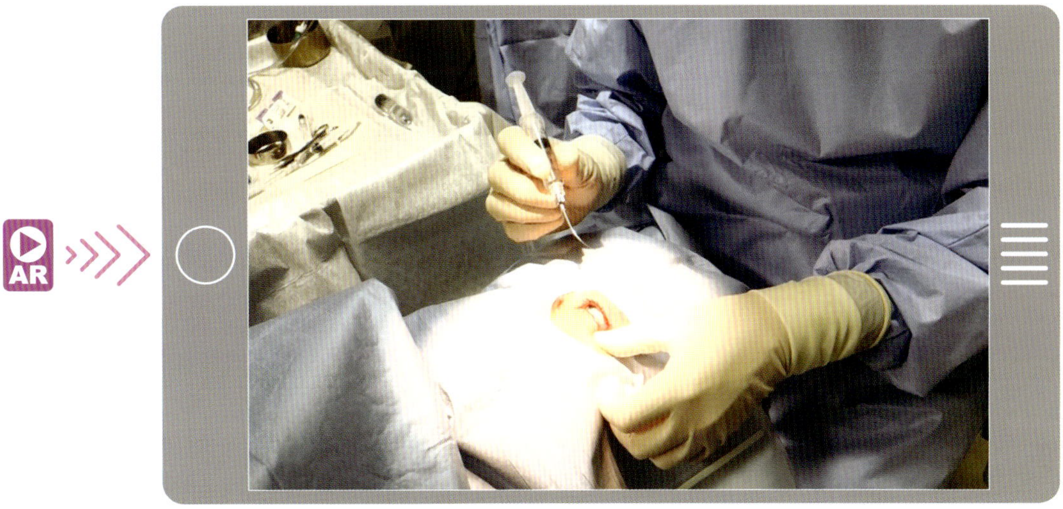

视频 3　左眼球后麻醉示例①（35 s）

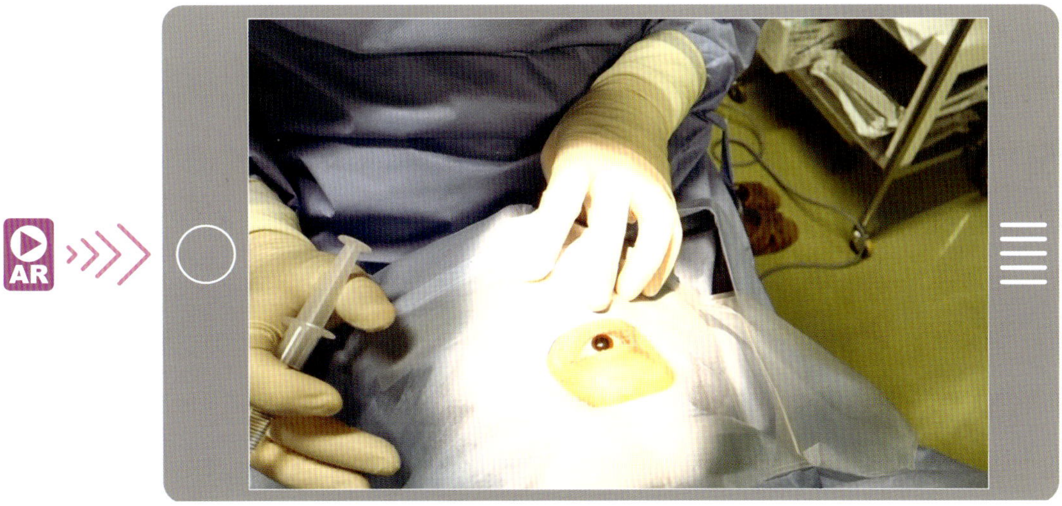

视频 4　左眼球后麻醉示例②（44 s）

（视频操作和技术指导：大島眼科病院眼科 松井孝明先生，上野暁史先生）

● 参考文献

[1] 安達惠美子．麻酔に必要な解剖 球後麻酔．眼科診療プラクティス5 眼科手術に必要な局所解剖，丸尾敏夫ほか編，pp16-21，文光堂，東京，1993.

[2] 中島正之．球後注射．ES now illustrated 外来小手術と処置 No.13，樋田哲夫ほか編，pp122-125，メジカルビュー社，東京，1999.

[3] 御宮知達也．角膜外科の基本手技 角膜外科の麻酔方法．眼科プラクティス13 角膜外科のエッセンス，坪田一男編，pp14-18，文光堂，東京，2007.

3. 眼科医生的观点和建议 Q&A

Q 进行透明质酸注射的医生（以下简称“经治医生”）在处理失明时，需要掌握哪些眼科相关的信息?

A
- 首先，大多数眼科医生对于因透明质酸注射所引起的失明并不了解。因此，必须帮助眼科医生了解相关的病例报告和成功的眼科治疗文章的基本信息。
- 为预防意外情况的发生，在进行透明质酸治疗的机构，最好提前与附近的眼科机构进行沟通※。
- 由于在不良事件发生后需要快速地决策和处置，因此眼科医生需要掌握患者确切的医疗信息，需要准确了解患者的眼部疾病史（如青光眼等）。
- 本书对于眼科医生处理由透明质酸注射所引发的失明将有较大的参考价值。

※ 参照本书73页“与眼科医生的合作”。

Q 对于因透明质酸注射引起的失明患者，需要做哪些眼科检查?

A
- 由于需要立即治疗，所以只需要进行最基本的眼科检查，并尽快注射透明质酸酶※。眼科医生将进行视力损伤程度评估和裂隙灯检查，并立即为患者注射透明质酸酶。
- 只需有治疗床，即可进行球后透明质酸酶注射。
- 进行视野检查，并在使用散瞳剂后进行眼底检查。
- 如果怀疑存在视网膜血管闭塞或缺血性视神经病变，可以进行荧光素眼底造影检查。眼部断层扫描（OCT）检查可以用来评估视网膜的厚度。

※ 参照本书74～75页“失明发生后透明质酸酶(Hylenex®）的准备和配制”。

Q 在将患者转诊至眼科医生之前，经治医生应采取哪些临时急救措施?

A
- 由于处置失明的黄金时间是在90 min内，因此如果眼科医生无法在这段时间内进行治疗，那么经治医生应尽早进行第一次注射治疗。
- 在这种情况下，由于实施球后注射的经治医生手法不够熟练，可能无法将足量的药物注射到球后的肌圆锥。眼科医生可能需要进行第二次或第三次的球后注射，以尝试恢复患者的视力。

Q 眼科医生在提供救治方面有什么顾虑?

A

- 事实上，许多眼科医生也可能缺乏球后注射的经验。过去的眼科手术通常是在球后局部麻醉下进行的。但是随着白内障手术时间的缩短，大多数机构均采用表面麻醉或结膜囊内麻醉。如果眼科医生缺乏球后注射的经验，可能会在经治医生想要寻求帮助时犹豫不决。
- 为查明失明原因，需要进行荧光素眼底造影和眼部断层扫描等应用复杂设备的检查，但是并非所有眼科诊所都配备这些设备。而且眼科医生每天都处于忙碌的诊疗中，会很自然地产生不想卷入医疗美容相关事故的想法。因此，如果经治医生突然请求眼科医生协助治疗失明这样复杂的病例，而眼科医生完全不熟悉医疗美容的知识，对自己的球后注射技术又没有足够的信心，或者眼科诊所检测设备不足，均可能导致经治医生协助处置的申请被眼科医生拒绝。
- 因此，作为区域医疗合作的一部分，经治医生应该事先与附近的眼科医生建立密切联系（眼科医生最好有球后注射的经验），充分讨论发生失明时的应对措施和对策。

Q 经治医生进行透明质酸酶球后注射时应该注意什么?

A

- 请按照本书所介绍的球后注射方法进行正确的操作。
- 由于面临失明的风险，如果无法在 90 min 内请眼科医生进行处理，经治医生应尽快进行球后注射。
- 在眼科临床实践中，球后注射※引起眼球损伤的发生率极低，仅为 1/7000 左右。即使发生球后出血，对视力也没有特别的影响。
- 注射透明质酸酶是处理透明质酸注射所引起的血管栓塞的最有效的方法。由于患者有失明的危险，而且时间非常紧迫，所以应该尽早尝试透明质酸酶球后注射治疗。

※ 参照本书 76～81 页“球后注射的操作方法”。

Q 透明质酸酶的逆行性动脉注射治疗在眼科是否可行?

A

- 有文献报道，逆行性动脉注射透明质酸酶对视网膜中央动脉栓塞治疗有效。在发生由透明质酸注射引起的失明后，如果能够在短时间内进行逆行性动脉注射，会增加救治的成功率。但是应用这一技术需要使用脑血管造影以进行详细的检查，而这种检查需要专业人员操作，因此在意外失明后立即采取这种措施是很难实现的。
- 透明质酸酶即使不注射到血管内，也能从血管外通过渗透作用发挥效果，因此应该优先考虑在球后进行注射。如果附近有可以进行逆行性动脉注射的专业机构，可以在那里进行相应的注射治疗。

*Chiang C, Zhou S, Liu K. Intravenous hyaluronidase with urokinase as treatment for arterial hyaluronic acid embolismPlast Reconstr Surg 137:114-121, 2016.

4. 律师的观点和建议

Q&A——医生是否有法律责任?

Q 什么是法律责任?

A
- 法律责任大致分为民事责任和刑事责任。
- “民事责任”是指向患者与家属支付抚恤金等赔偿金而进行“损害赔偿”的责任。
- “刑事责任”是指受到有期徒刑、拘役、罚款等“刑事处罚”的责任。
- 在现实中,医疗事故中的法律责任大多是患者和家属索要“损害赔偿”的“民事责任”。

Q 医生在什么情况下要承担法律责任?

A
- 即使发生医疗事故,医生也不一定要承担法律责任。
- 医生承担法律责任需要满足两个条件:一是存在错误(过失);二是该错误导致了事故的发生(因果关系)。
- 如果医生没有过失,即使发生医疗事故,也不会被追究法律责任。

Q 在医疗过失的裁定(损害赔偿的裁定)中,在什么情况下会判定医生“有过失”?

A
- 医疗事故中的过失,大致可分为“治疗过失”和“说明过失”。
- 在法律上,“治疗过失”被称为“违反注意义务”。是否“违反注意义务”,要根据“是否违反诊疗当时临床医学实践中的医疗水平”这一标准来判定。在治疗、手术中使用医药用品时,如果未遵守“使用说明文件”中记载的注意事项,在发生医疗事故后,原则上会被判定为“有过失”。
- “说明过失”在法律上被称为“违反说明义务”。是否“违反说明义务”,要根据是否充分说明了以下 5 个方面的内容来判定:

A. 诊断方面(病名、病情等);B. 治疗、手术方面;C. 治疗、手术的风险方面(并发症和后遗症等);D. 其他可选择的内容及其优缺点方面;E. 预后方面(治疗、手术后的效果)。

Q 医疗美容与其他一般的医疗行为相比，在法律责任上有什么不同之处?

A

- “治疗过失”，医疗美容与其他普通医疗行为一样，以“是否违反诊疗当时临床医学实践中的医疗水平”为判定标准。
- 如果没有按照“使用说明文件”的要求进行临床工作而发生医疗事故，原则上可以确定存在过失，在这种情况下与一般的医疗行为是相同的。
- 另一方面，医疗美容与其他以治疗疾病为目的的普通医疗行为相比，其必要性和紧迫性较低。其主要目的是满足患者对于自信、美观、形象等主观方面的追求。基于这些特点，在医疗行为过程中患者有较高的自我决定权。在有关医疗美容的案件中，说明的责任会更大。

Q 关于医疗美容的说明义务，是否有可供参考的典型案例?

A

- 以下经法院判决的案例可以作为参考。第一例判决为“美容外科医生违反说明义务”。第二例判决为“未违反说明义务”。

①判决美容外科医生违反说明义务的案例（东京地方法院 1997 年 11 月 11 日判决）。

重睑修复手术后导致一侧眼部睫毛外翻的案例

【案例经过】一位曾在美国接受过重睑手术的患者，第一次手术大约 2 年后在美容外科医生 Y 的医院接受了重睑修复手术，修复的原因是重睑线过宽，而且左右不对称。Y 医生在手术前给患者看了一份文件，介绍了手术的局限性和风险，患者在“知情同意书”上签字。修复手术后，患者的重睑线宽度与术前相比没有变化，而其中一侧眼部出现了睫毛外翻的情况。

【审判的争议点】医生 Y 是否违反了对手术危险性等的“说明义务”?

【判决的内容】

（1）医生应该说明到什么程度?

美容整形手术是基于患者的意愿进行的，是否进行手术完全取决于患者自己的判断。因此，医生有责任从医学角度评估患者目前的状况和手术的难度。有义务向患者充分说明手术成功的可能性、结果的客观前景、可能的并发症和后遗症等，并取得其同意。

（2）本案例的实际情况是怎样的?

虽然医生Y给患者看了关于手术的方法和风险的书面文件，但并没有引起患者的充分注意，并仅仅是让患者看了文件并签名，而未将其交给患者。医生Y只是简单地说明了手术内容，未进行口头和书面上的必要说明。

(3) 法院判决如下：

患者认为面部外观明显地变丑，除了要求支付手术费用约56万日元外，还要求支付约900万日元的赔偿金。对此，法院虽然认定医生Y有违反说明义务的过失，并导致了手术结果不符合患者的期望，但并不认可患者术后的面部外观状态为“变丑”，因此判定赔偿金额为60万日元。此外，加上手术费用约56万日元，共计约116万日元的赔偿金。

在此基础上，鉴于患者方面也存在未阅读手术局限性等书面材料的过错，法院决定从全部损害中减少10%，要求医生Y对患者支付约104万日元的赔偿金。

②判决美容整形科医生未违反说明义务的案例（大阪高等法院2011年7月12日判决）。

吸脂手术后两侧大腿皮肤坏死的案例。

【案例经过】患者到涉案诊所就诊，免费咨询了吸脂手术，由医生Y进行了腰部—臀部—大腿的吸脂手术，术后在两侧大腿上出现了皮肤坏死。患者在另一家医院A进行了坏死皮肤切除和缝合手术。患者认为，医生Y在进行吸脂手术时存在技术上的失误（例如，手术破坏了皮肤浅层结构和皮下组织，导致皮肤坏死）。

患者在庭审中称，医生Y除了存在治疗过失外，还存在违反说明义务的情况。因为她既没有得到Y医生关于手术风险的任何解释，也没有收到含有具体解释说明内容的书面文件。

【审判的争议点】

(1) 医生Y是否在术前就手术的危险性等进行了充分的说明？

(2) 医生Y是否提供了含有具体解释说明内容的书面材料？

(3) 是否认可因违反说明义务而增加赔偿金？

【判决的内容】

(1) 医生 Y 是否曾充分地进行说明?

患者在免费咨询时接受了关于吸脂手术的常规解释，并且医生 Y 在术前对手术方法、麻醉方法、自我管理的必要性以及手术的危险性等内容进行了充分的说明。

(2) 是否需要书写并提交记载具体说明内容的书面材料?

尽管医生在手术前对患者进行了适当的说明，为了不留下疑问，最好书写并提交记载具体说明内容的书面文件。但由于医生 Y 已向患者进行了充分的说明，所以医生 Y 没有违反说明义务。

(3) 法院判决如下：

法院认定，医生 Y 没有违反说明义务，不认可以违反说明义务为理由增加赔偿金。在此基础上，法院判定赔偿患者误工损害费 15 万日元、抚恤金 250 万日元、起诉费约 26 万日元等，共计约 290 万日元。

Q 为了在医疗事故的审判中不被追究责任，医生应该注意些什么?

A 需要参考审判的判定标准，在预防“治疗过失”和“说明过失”的同时，在可能的情况下留下治疗和说明的“证据”。

❶ 预防“治疗过失”

“治疗过失”是以《临床医学实践中治疗的医疗标准》为基准进行判定的。因此，即使不能完全掌握最尖端的研究和学术成果，也要经常参加学术会议，阅览学术期刊，与其他医生进行交流，以获取最新的临床医学知识和实践技能。

留下适当的诊疗“证据”也很重要，例如病历等诊疗记录，这些是判决中最重要的“证据”。为了保护自己，要有“留下证据”的意识。

在审判中，如果有“不遵守医药用品使用说明文件而发生事故”的情况，原则上会被判定为有过失，所以必须尽可能了解使用说明文件的内容。如果有可以不遵循“使用说明文件”的情况发生，必须准备相应的“证据”(文献等) 来支持自己的观点。

❷ 预防“说明过失”

“说明过失”是根据是否就诊断内容、手术内容、手术风险、其他可选择内容和预后等各方面进行充分的说明来判定的。

在解释手术风险（并发症、后遗症等）、其他可选择的内容及其优缺点和预后（手术后效果）时，经常会存在很多问题。建议将解释的内容附在“知情同意书”上，留下说明的“证据”。

Q 要向患者说明到什么程度，才能防止法律上的风险？

A

- 医疗美容与其他一般的医疗行为相比，医学上的必要性和紧迫性较低，具有满足患者主观需求的特点。在审判中更加重视患者的自我决定权，医生也要提高对于说明义务的重视程度。
- 因此，在医疗美容过程中医生必须做到，使患者充分理解手术风险及并发症等信息，了解是否有其他可选择的内容、手术方法、术后预期效果，并且由患者自己决定是否接受手术治疗。
- 尽管如此，在医疗美容过程中，对于希望接受手术的患者，要避免传达过多负面信息，以免引起患者的心理恐慌。对此，法律上也没有强制性的规定。在透明质酸注射治疗前，说明失明的风险是有必要的，但可以使用积极的表达方式来说明。例如：在世界上有“约多少例”失明的病例报道，但是已经充分地采取了安全措施，请不必过分担心。

Q 在手术前患者已经签名的“知情同意书”中，是否应该具体记载说明的内容？

A

- 这是对患者进行了适当说明的“证据”，因此最好在“知情同意书”上记载说明的具体内容。※
- 必须用患者容易理解的语言进行详细的解释。
- 正如上述法院审判的案例一样，即使向患者展示了介绍手术风险的文件并由患者签字，但如果这份文件过于复杂难懂，并且没有给予患者足够的解释说明，也会被认为没有履行说明的义务。

※参照本书1~5页“注射前的要点”

Q 如果在“知情同意书”上写着“手术中无论发生什么情况，患者都不会提出异议”，医生就不会被追究责任吗?

A
- 如果认定医生存在过失，即使做了这样的声明，在法律上医生也不能免除责任。
- 在法律上，即使患者承诺放弃法律权利，这样的承诺一般也被认为无效。
- 同时，法律上也并不是完全不认可这样的声明。在适当的情况下不合理应用这一声明，可以防止恶意索赔情况的发生。

Q 如果发生了医疗事故，从法律角度来看应该怎么做?

A
- 从法律角度来看，首先要做的事情应该是向患者道歉、解释并协商。
- 有大量的案例表明，医疗事故升级为医疗纠纷，甚至闹上法庭的原因之一是医生过于自我保护，没有对事故的原因作出充分的解释。
- 在医疗事故发生后，即使医生对医疗事故没有责任，也应该尽可能使患者得到满意的结果。首先，必须为医疗事故“道歉”，然后以真诚的态度“解释”事故的原因、当前的状况和下一步的治疗计划。
- 另一方面，医生保护自己也很重要。仅仅向患者“道歉”并不意味着要承担“法律责任”。必要时在处理事故过程中要咨询律师，因为某些陈述可能会在以后的法庭审判时对自己不利。
- 在医疗事故发生后，仓促地寻找律师，很难找到合适的律师，最好事先找好能够商议和协助的律师。

Q 从事医疗美容的医生希望与眼科医生建立合作关系，为失明抢救做准备，但一些眼科医生担心在处理医疗美容事故时可能会被追究法律责任。例如，一位注射透明质酸的医生导致患者出现失明的症状，患者被送到了眼科诊所，尽管眼科医生努力抢救，但患者还是失明了，眼科医生是否要承担责任?

A
- 对于这一问题的基本回答是，原则上眼科医生不承担任何法律责任。
- 如前所述，根据法律规定，即使发生了某种事故（在这里是指“失明”），必须满足以下两个条件，才能追究眼科医生的法律责任：一是有错误（有过失）；二是错误导致了失明（有因果关系）。只有在“两个”条件都满足的情况下，眼科医生才能被追究法律责任。例如，虽然眼科医生犯了一个错误，但即使这个错误没有发生，患者也不能避免失明，条件二没有得到满足，眼科医生不被追究法律责任。
- 但是任何事情都可能有例外。如果眼科医生有错误（有过失），且该错误导致失明（有因果关系），那么眼科医生就要承担赔偿责任。

以下为一个非医疗美容领域的案例。“患者在加固公路桥墩的作业中接触到大量的砂浆水泥后，由于经治医生没有迅速清洗患者的眼睛而导致失明”。在这个案例中，眼科医生被判定承担赔偿责任（该判决由东京地方法院于 2004 年 1 月 29 日作出）。

如果碱性物质进入眼部，就存在失明的风险。根据眼科医生的常识，应该进行眼部清洗。判决中认定，“经治医生不知道砂浆水泥是碱性的，从而忽略了清洗眼部”。

● 因此，如果眼科医生在发生错误（即存在过失）并且该错误导致患者失明的情况下，需要承担赔偿责任。但是以上案例较为特殊，在失明抢救时极少发生类似情况。因此，总体来说，眼科医生在通常情况下是不需要承担法律责任的。

第 5 章

透明质酸注射治疗的医疗安全问题

第 5 章 透明质酸注射治疗的医疗安全问题

要点

- ◆透明质酸注射治疗呈增长趋势。
- ◆需要对患者进行充分的说明，并不断完善医疗美容行业体系。

前言

根据国际美容整形外科学会（ISPAS）统计，2016 年在世界范围内的医疗美容案例中，透明质酸注射在非手术治疗中的应用仅次于肉毒毒素注射，并有进一步增长的趋势（表 5.1）。根据日本美容整形外科学会（JSAPS）2018 年 7 月进行的第 1 次全国美容医疗调查结果显示，透明质酸注射在日本全部非手术治疗中占比最大，约占整体的 30%（https//www.jsaps.com/jsaps_explore.htmL）。预计今后这种趋势还会持续。

表 5.1　ISPAS 统计的非手术注射治疗例数（2016 年）

	治疗例数	占比 /%
肉毒毒素	4 931 577	57.7
透明质酸	3 372 445	39.5
羟基磷灰石	164 911	1.9
聚乳酸（PLLA）	79 664	0.9
合计	8 548 597	

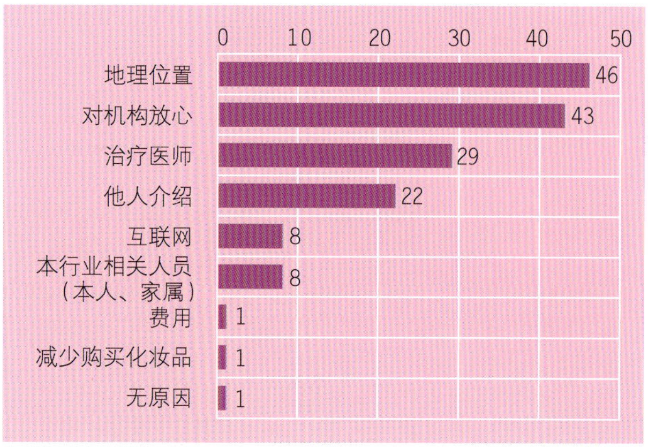

图 5.1　接受治疗的原因

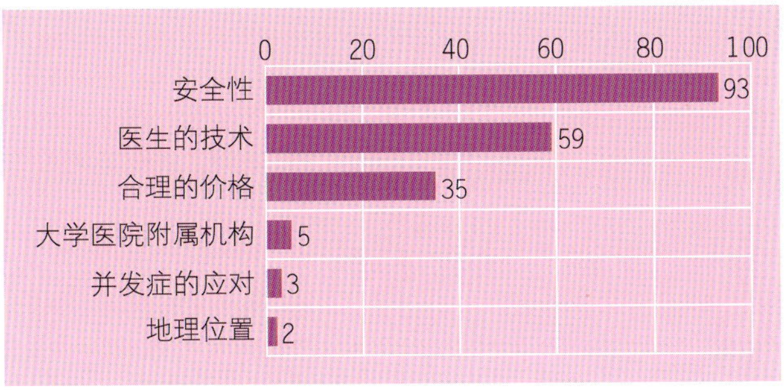

图 5.2　对于医疗美容的关注重点

随着近年来对医疗美容纠纷的冷处理和网络广告限制等法令的出台，人们对于建立完善的医疗美容行业体系提出了更高的要求。

根据对在福冈大学博多站诊所就诊患者进行的调查问卷（*n*=197）显示，选择该诊所就诊的首要原因是安全，因为它是大学附属医疗机构。“安全性”超过了“价格”，成为美容治疗中最重要的因素（图 5.1、图 5.2）。

为了避免在透明质酸注射治疗中发生失明等严重并发症，为患者提供安全、放心的医疗美容环境，作者们编写了这本安全应对手册。但是，要想真正实现内容的高实效性和高准确性，必须解决以下问题：

1　修订本书的必要性

本书根据已发表的论文，介绍了降低透明质酸注射治疗相关并发症发生率的措施。书中列举的严重并发症的案例报道较少，大多都是专家意见，目前尚无完全杜绝并发症的方法。

本书还阐述了并发症发生后应采取的措施。尽管本书是根据最新的资料编写而成的，但在预防和应对措施方面仍存在很多争议。随着更多临床依据的积累，今后还需要对其进行修订。

2 与其他科室的密切合作

本书强调了与其他医疗科室（尤其是眼科）合作的重要性。许多透明质酸注射治疗是在门诊进行的，如果出现严重的并发症，需要进行专科检查，如血管造影和眼底检查，以及高压氧治疗和血管介入治疗。因此，与上级医院（如地区中心医院或大学附属医院）建立合作关系以确保迅速合作是很重要的。提前与合作单位进行沟通，共享医疗信息非常重要。

3 透明质酸酶是一种未经批准的药物

透明质酸酶是治疗并发症必不可少的药物，但目前在日本尚属未被批准的药品，只能通过医生个人进口来使用。个人进口的医药品，原则上只能由进口的医生使用。由于没有正规渠道，透明质酸酶的质量也很难得到保证。

4 证据不足

注射透明质酸后出现失明或脑梗死等严重并发症的情况极为罕见，也很少被报道。即使出现了并发症，由于诉讼等问题，往往也不会报道，因此实际情况并不明确。积累数据对于预防和采取对策至关重要。有必要建立一个行业内有组织的管理系统，由相关的协会进行管理。

结语

注射透明质酸是一种简单有效的治疗方法，但知识和技术的欠缺会导致并发症的发生，进而损害医疗美容行业的声誉，影响行业的整体形象。

建立一个与更多行业内医生分享问题的交流平台，将有助于促进医疗美容行业的发展。